# 몸에 좋은 산삼 산양산삼 도감

# 몸에 좋은 산삼 산양산삼 도감

우리산삼효능연구소 지음

중앙생활사

산삼 캐는 것을 천직으로 생각하고 오랫동안 한길만 걷는 심마니들은 새벽 4시경이면 일어나 산행준비를 하면서 하루의 일과를 시작합니다.

산삼을 캐는 시기도 농사일과 같아 봄에 시작하여 늦가을에 끝나고 또 봄이 되면 다시 시작을 합니다. 물론 가을 이후에도 쉬지 않고 그 다음 봄부터 산행할 장소를 물색하기 위해 여러 현장을 답사하기도 하지요.

이렇다보니 세월이 흐르는 것도 모르고 세상을 답답하게 살아가지만 그분들은 명예만큼은 소중하게 생각하고 꼭 지킵니다. 따라서 객관성이 없는 천종이나 진종산삼을 캤다고 관심을 끌며 고가로 산삼을 파는 일도 하지 않습니다.

그동안 그럴 듯한 이름을 붙여 유통하는 방법을 모르는 것도 아닙니다. 그러나 이제 앞을 멀리 보아야 할 때가 되었습니다.

　　지금 뉴질랜드 등에는 우리나라 사람에 의해서 우리의 삼씨로 인삼과 산양산삼이 대량으로 재배되고 있습니다. 2년 전 김창식 저자에게도 현지에 와서 산양산삼을 재배해주면 많은 사례를 하겠다고 했지만 거절하였습니다.

　　앞으로 무역의 장벽은 허물어질 수밖에 없습니다. 이렇게 되면 대량으로 재배되는 외국의 삼들은 첫 번째 목표가 우리나라일 것입니다. 그러나 다행인 것은 우리나라는 사계절과 혼효림이 있어 조금만 신경을 써서 산양산삼을 기르면 경쟁력은 있습니다.

　　지금 목원대학교 평생교육원 산삼전문가 양성과정이 만들어진 것도 이런 점을 알리고 산양산삼 재배방법을 지도해주기 위함입니다. 이곳을 수료한 분들은 대부분 올곧은 심마니와 우리의 산양산삼을 재배하는 분들이지요.

　　이 책은 그동안 산삼과 산양산삼의 뿌리 형태를 몰라 피해를 당하는 일이 많았는데 이런 것을 예방하도록 많은 관련 자료를 실었으며 외국삼과 우리의 삼들을 비교할 수 있는 자료도 수록하였습니다.

　　또 산양산삼도 광합성을 잘 이루게 하여 산삼처럼 기르는 방법뿐 아니라 산삼이나 산양산삼을 제대로 음용하는 방법 등이 구체적으로 수록되어 있습니다. 물론 다소 부족한 점은 있지만 산삼이나 산양산삼을 연구하는 데 도움이 될 수 있도록 사진도 많이 수록하였습니다.

　　끝으로 이 책이 출간될 수 있도록 좋은 말씀을 해주신 목원대학교 식물학 심정기 교수님, 대한자연산삼복용연구소 백명현 박사님, KT&G 박종대 인삼효능연구팀장님, 대전대학교 한의과대학 김동희 교수님께 감사드리며, 특히 우리나라 산양산삼에 대한 연구를 위하여 천혜의 환경조건을 이룬 약 6만 평의 임야에 산양산삼 농장을 만들어주시고 연구를 지원해주시는 공주영상대학 학장님과 유재만 부학장님께 머리 숙여 감사의 말씀을 드립니다.

그리고 이 책이 출간될 수 있도록 해주신 중앙생활사 김용주 대표님께도 감사의 말씀을 드립니다.

# 차 례

# 산삼과 인삼

산삼(山蔘)이란 산에서 자연적으로 나는 삼을 말한다.

지금 논밭에서 재배하는 인삼(人蔘)이나 산에서 기르고 있는 산양산삼 (山養山蔘, 장뇌삼) 모두 처음에는 산삼의 씨앗을 채종하여 파종을 시작한 것이다.

산삼은 두릅나무(오가 : 五加)과에 속하는 여러해살이의 초본식물(草本 植物)로써 학명은 재배인삼과 마찬가지로 파낙스진생(Panax ginseng)이며 반음지성 식물이다. 영어사전에는 와일드진생(wild ginseng) 또는 마운틴 진생(mountain ginseng)으로 표기되어 있다.

옛날에는 산삼을 인삼이라고 부르던 때가 있었다 하여 지금 많은 혼란 이 있는 관계로 이제부터는 산삼과 인삼의 연구가 따로 이루어져야 한다 는 생각을 하고 있다.

먼저 인삼의 경우는 짧은 기간에 속성재배를 하기 위해서 많은 거름을 사용하고 토질을 부드럽게 만든 후 파종이나 이식을 하여 기르기 때문에 뿌리가 일직선으로 뻗는 직삼(直蔘)의 형태를 취하고 있다.

또한 인삼은 차광막 설치 등을 하여 자연산삼에 비해 일조량에 의한 광합성 작용이 부족한 것이 흠이었으나 점차적으로 나아지고 있는 것으로 보이며 소독약 사용도 점점 줄이고 있는 추세이다.

▲ 동북간 방향에 자라고 있는 자연산삼. 비슷한 식물
들과 같이 자라고 있는 3지(3구) 산삼.

# 자연산삼이란

　자연산삼(自然山蔘)은 조류 등이나 다람쥐 같은 동물들이 산삼이나 산양산삼 혹은 인삼의 씨앗을 따먹은 후 산으로 이동되어 옮겨진 것으로 보인다.

　이렇게 옮겨진 씨앗들은 전부 생존되는 것이 아니라 일조량이나 온도는 물론 습도까지 맞지 않으면 생존한다 하여도 오래 살지 못하는 것으로 생각된다. 다행히 경사가 완만한 산의 동쪽 방향에 혼효림이 잘 어우러진 환경을 이룬 곳으로 씨들이 옮겨지면 생존 확률도 높고 오래 사는 것으로 판단된다.

　경사가 심한 곳은 국지성 호우 등으로 산삼이 유실되는 경우도 많다. 그리고 삼 종류들은 반음지성 초본식물인 관계로 햇볕이 너무 강하거나 일조량이 아주 부족해도 살지 못하며 너무 습하거나 아주 건조해도 살지 못한다.

산의 동쪽 방향은 한여름에도 아침의 연한 햇살이 들어와 산삼이 살기 좋은 곳이다.

혼효림이란 침엽수종이나 활엽수종 등이 어우러져 살고 있는 숲을 말한다.

침엽수종인 소나무와 잣나무는 활엽수종인 참나무와 오리나무 등과 함께 그 숲의 온도와 습도까지 조절해준다. 소나무와 잣나무는 사시사철 강한 직사광선을 차단하여 고온현상이나 너무 건조해지는 것을 막아준다.

그리고 활엽수인 참나무와 오리나무 등은 한여름 강한 햇볕을 막아준 뒤 햇살이 약해지는 가을부터는 잎이 떨어진다. 잎이 떨어진 후에는 앙상한 가지만 남아 약한 햇살이 그 사이를 따라 지표면으로 내려가 너무 습하지 않도록 햇살을 비춰주게 하기도 한다.

만약 활엽수종들이 사시사철 잎이 달려 있다면 그 숲은 습하게 될 수밖에 없을 것이다.

산삼이란 이러한 환경에서 인위적인 도움 없이 자라면서 은은한 광합성 작용이 잘 이루어져 여러 가지 유기물질이 풍부하게 함유된 산에 있는 삼을 말하는 것이다.

▲ 참나무 밑에서 자라고 있는 자연산삼의 모습. 산삼이 있는 뒤편은 서향이었으며 산삼은 동쪽을 향하고 있었다.

▼ 소나무 밑에서 자라고 있는 자연산삼의 모습. 일조량이 부족하여 성장 속도는 느린 것으로 보이나 이런 곳에서 자란 산삼은 맛과 향이 독특하다.

▶ 소나무가 많은 곳에서 자라 성장이 더디다. 일조량이 부족하여 다른 식물들도 잘 자라지 못하고 있다. 산삼이 잘 자라기 위해서는 혼효림의 숲이 이루어져야 한다.

▼ 주근(主根)에서 나온 지근(支根)이 여러 방향으로 발달되어 몸을 안전하게 지탱해주고 있다. 만약 이렇게 엎드린 자세가 아니었더라면 비바람에 견디기가 어려웠을 것이다.

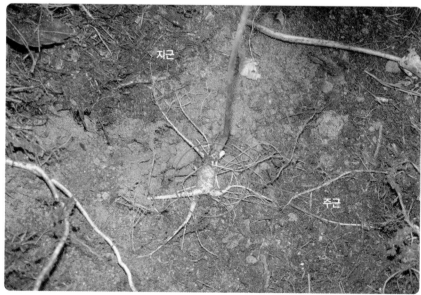

지근

주근

▲ 혼효림 속의 어린 산삼. 경사면 위에서 영양분이 흘러내려 산삼이 자라기에 아주 좋은 곳이다.

▶ 혼효림 속의 어린 산삼들. 일조량이 대체로 좋아 성장하기에 적절한 곳이다.

▲ 비슷한 식물과 어울려 살고 있는 자연산삼. 이런 곳에는 세심한 관찰이 필요하다. 흔히 그냥 지나치기가 쉬운 곳이다.

▼ 일조량 부족현상으로 이런 곳은 산삼이 자생하기 어렵다. 산삼이 자생한다 하여도 오래 살지 못하는 곳이다.

▲ 혼효림 속의 4지(4구) 산삼. 주변에 억센 나무들이 많아 비바람에 견디기가 어렵다. 또한 찾기도 어렵다.

▲ 소나무 밑의 산삼. 소나무가 물 흐름을 막아주었다. 그리고 혼효림의 숲이기 때문에 은은한 광합성은 아주 잘 되는 곳이다. 이런 곳에서 자란 산삼은 오묘한 향이 있다.

◀ 경사진 밑에 자라고 있는 자연산삼. 씨앗이 막 붉게 물들기 시작한 5지 산삼이다. 산의 방향은 동쪽이었다.

▼ 혼효림 속의 자연산삼. 4지 산삼이 된 지 얼마 안 되는 것으로 보인다. 아직 한 가지의 잎이 5엽(葉)이 안 된 것이 있다.

▲ 단풍으로 물든 4지 산삼. 2006년 가을 가뭄이 심하여 단풍이 곱게 물들지 못하였다.

▼ 척박한 토질에서 자라고 있는 산삼. 동북간 방향에 습도가 많은 편이었다.

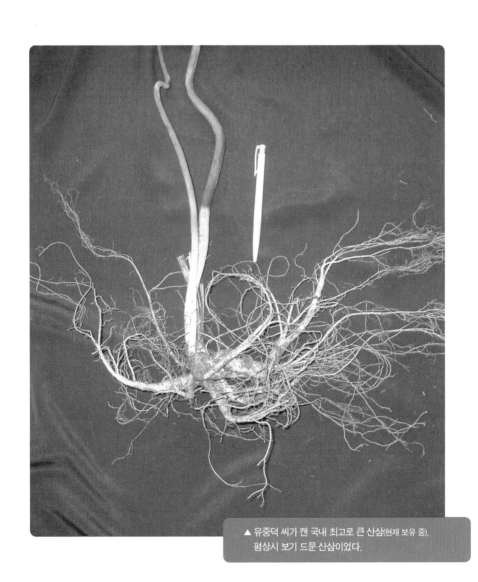

▲ 유중덕 씨가 캔 국내 최고로 큰 산삼(현재 보유 중).
평상시 보기 드문 산삼이었다.

# 자연산삼의 **지근** 발달

자연산삼은 얕게 묻혀 있다. 이는 인위적인 방법으로 땅을 파고 심은 것이 아니기 때문이다.

간혹 산삼이 자라고 있는 경사면 위에서 빗물이나 눈 등으로 인하여 흙이 흘러내려 덮어준 경우도 있기는 하지만 흔치는 않다.

대체적으로 얕게 묻힌 산삼들은 야생의 어려운 여건에 생존하면서도 오히려 땅속으로 뿌리를 뻗지 않는다. 이는 사람의 몸을 지탱하게 해주는 발바닥이 있는 것처럼 산삼도 지상부의 하중을 견디게 해주는 지근(支根) 이 있기 때문이다. 그 지근은 바로 지표면을 따라 발달되는 뿌리이다.

사람이 발꿈치를 들고 서 있다면 몸을 지탱하기가 어렵듯이 산삼도 엉거주춤하게 땅속으로 뿌리를 잘못 뻗어서 있으면 하중을 견디지 못하고 넘어질 것이다.

그러나 산삼은 생존 본능이 뛰어나 지표면 위에 쌓여 부식된 영양분을 지표면 밑 약 15cm 이내에서 섭취를 하면서 지근들을 옆으로 발달시키고 있다. 이렇게 옆으로나 때로는 여러 방향으로 뿌리를 발달시켜 사람의 발바닥처럼 산삼의 지상부를 넘어지지 않게 해준다. 산삼은 1지 때나 2지 정도에서는 하중이 많이 나가지 않는다.

보통 꽃이 피는 3지 때부터 열매가 달리기 때문에 하중이 많아지기 시작하여 4지, 5지, 6지로 성장되면서는 지상부의 하중이 뿌리보다 몇 배 더 나간다. 특히 여름에는 3~4배 정도가 더 나갈 수도 있다.

그리고 하중을 많이 받는 5지나 6지의 지근은 한 방향으로 발달되는 경우가 드물고 대체로 여러 방향으로 뿌리를 뻗어 지상부를 넘어지지 않게 해준다.

참고로 하중을 많이 받는 목본식물들은 지근을 더 많이 발달시킨다.

주근

지근

▲ 뿌리가 곡선으로 뻗는 전형적인 곡삼(曲夢)의 형태. 산삼의 진위 여부 판단은 지근의 발달로 보는 것이 가장 신뢰성이 있다. 지근이란 몸을 안전하게 지탱해주는 뿌리이다. 물론 인위적으로 뉘어 심는 경우도 있으나 산삼은 넘어지지 않기 위해서 지근의 발달을 여러 방향으로 한다.

▼ 경사가 심한 마사토질에서 다른 나무뿌리들을 부여잡고 있던 산삼.

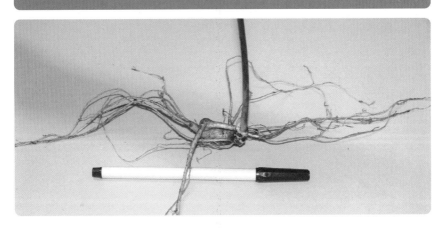

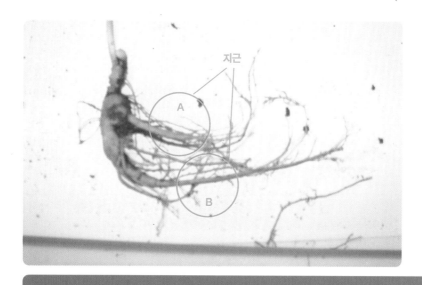

지근

A

B

▲ 경사가 심한 곳에 두 가닥의 지근으로 몸체를 유지하고 있다. A지근으로만은
전초를 보호하기 어려워 B지근과 함께 흙이 많은 곳으로 파고들어 몸을 안
전하게 지탱하고 있다.

▼ 양방향 곡삼. 우측으로 넘어지는 것을 지근의 발달로 균형을 잡고 있다. 인위
적으로 땅을 파고 심은 산양산삼이 아닌 것은 거의 이런 모습을 하고 있다.

주근

지근

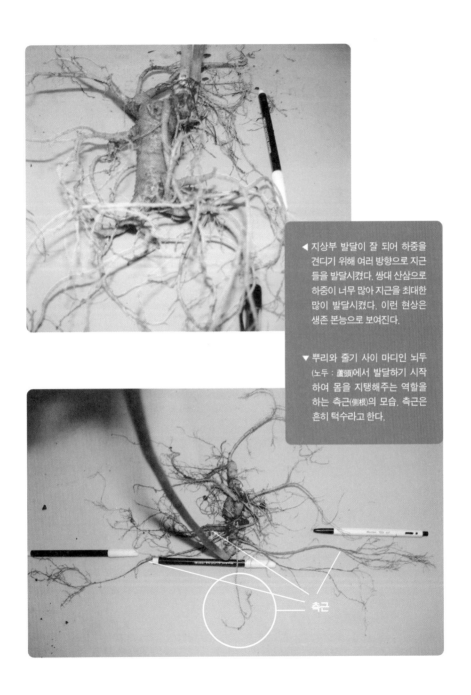

▶ 지상부 발달이 잘 되어 하중을 견디기 위해 여러 방향으로 지근들을 발달시켰다. 쌍대 산삼으로 하중이 너무 많아 지근을 최대한 많이 발달시켰다. 이런 현상은 생존 본능으로 보여진다.

▼ 뿌리와 줄기 사이 마디인 뇌두 (노두 : 蘆頭)에서 발달하기 시작하여 몸을 지탱해주는 역할을 하는 측근(側根)의 모습. 측근은 흔히 턱수라고 한다.

측근

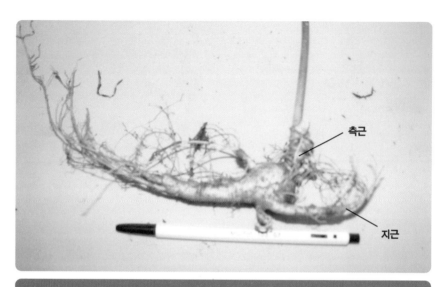

측근

지근

▲ 우측으로 넘어지는 것을 방지하기 위하여 지근들이 발달하고 있다. 지근이 아직 발달이 덜 되어 불안하니까 측근들이 발달하기 시작하였다. 측근은 사람의 손과 같은 것이며 지팡이 역할을 한다.

▼ 측근은 뇌두에서 발달된다. 우측으로 넘어지는 것을 측근들이 성장하면서 하중을 지탱해주기 위해 발달되고 있는 모습. 측근은 지팡이 역할을 한다.

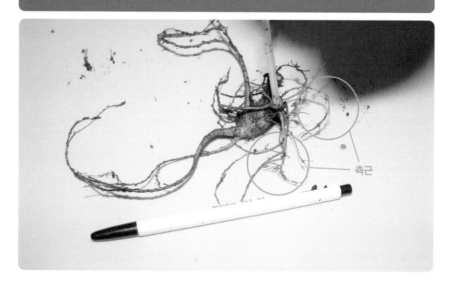

측근

가는 **실뿌리**가 땅속 깊이
파고드는 것은
아직 보지 못하였다

거친 모래나 조그마한 돌 등이 섞여 있는 토질은 배수가 잘 되는 곳이다. 이런 곳에서 자라고 있는 산삼의 뿌리를 관찰해보면 지근들이 땅속을 향하여 밑으로 길게 뻗어 내려간 것을 볼 수 있다. 이는 지표면에 있던 영양분들이 빗물 등에 의해서 땅속으로 스며들었기 때문에 그 영양분들을 따라 뿌리가 뻗어 내려간 것으로 보인다.

이렇게 거친 토질을 따라 내려간 뿌리들은 대체적으로 실뿌리보다는 굵고 약간 억센 편이다. 그래도 깊게는 내려가지 못하고 부드러운 흙이나 몸을 지탱할 만한 곳을 만나면 그쪽으로 뿌리를 의지하기 위하여 파고드는 것도 볼 수 있다.

본 저자들은 아직까지 미세한 실뿌리 등이 땅속으로 깊게 뿌리를 내리며 완전 직삼의 형태를 취하는 것은 보지 못하였다.

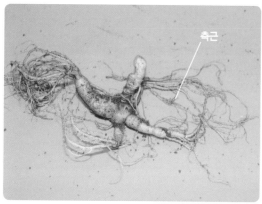

축근

◀ 산삼과 비슷한 장뇌삼. 언뜻 보면 산삼과 비슷하여 일반인들이 구분하기란 대단히 어렵다. 이 장뇌삼의 측근 발달은 다른 산삼의 측근 발달과 방향이 다르다.

▼ 네 방향으로 발달된 지근들의 모습. 몸체는 작으나 수분 성분이 별로 없어 맛과 향이 진한 자연산삼이다.

▲ 경사가 심하고 좌측으로 넘어질 위험성이 많아 측근들을 잘 발달시키고 있다. 이런 산삼은 여러 가지 유기물질이 많이 함유되어 있다.

◀ 양방향 곡삼. 부드러운 토질에서 성장하여 양방향으로 뿌리는 길게 잘 뻗었으나 몸체는 빈약한 편이다. 수분 성분은 많지 않을 것으로 보인다.

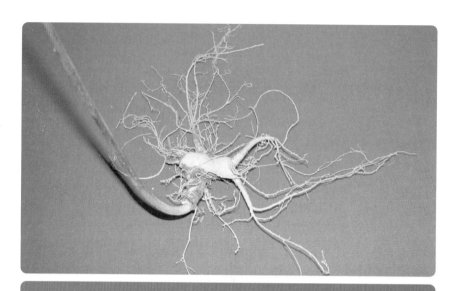

▲ 몸을 지탱하기 위하여 여러 방향으로 지근들이 발달되어 있다. 흔히 보기 어려운 산삼이다. 삼대 밑에 측근이 더 발달되면 완전한 자세를 취하게 될 것이다.

▼ 전형적인 산삼의 모습. 마사토질에서 자라 주근들이 둥글게 뭉쳐 있다. 이런 산삼들의 맛과 향은 아주 진한 편이다. 3뿌리의 무게는 40g이었다.

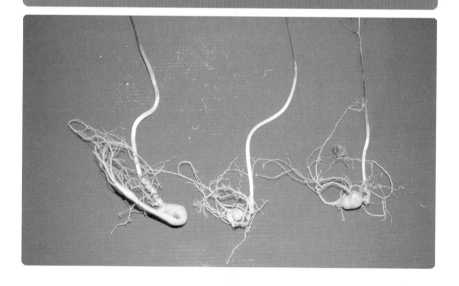

▲ 다른 나무들의 뿌리와 가까이 생존하여 잔뿌리가 많다. 잔뿌리들은 영양분을 흡수하는 기관이다. 잔뿌리는 다른 나무뿌리들과 영양분 섭취 경쟁을 할 때 많이 생기는 현상이다. 그리고 흔히 잔뿌리가 많으면 좋은 산삼이라고 하는 경우가 많은데 이런 이야기는 객관성이 없는 주장으로 보인다.

▼ 지근들이 잘 발달된 자연산삼의 모습. 배수가 잘 되는 토질에서 캔 산삼이다.

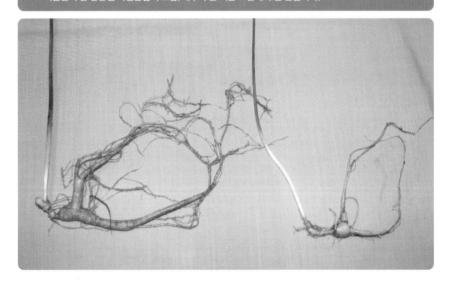

▶ 양방향으로 지근들이 발달된 쌍
대 산삼. 하중이 많이 나가 양방
향으로 지근이 발달된 것으로
보인다. 만약 한 방향으로 지근
이 발달되었다면 자연에서 생존
하기가 어려웠을 것이다.

# 뿌리에 생긴 **횡취**는 산삼의 나이,
# 즉 삼령과는 무관

산삼의 지상부는 봄에 성장이 시작되어 짧은 기간에 많이 발달되는 것으로 보인다.

이렇게 지상부 성장이 짧은 기간에 이루어지는 것은 겨울 내내 뿌리에 저장되어 있던 많은 유기물질들이 지상부 발달을 위하여 위로 올라가기 때문으로 보이며 이때 뿌리를 관찰하여 보면 약간 물렁물렁한 경우가 많이 있다.

이렇게 물렁물렁해진 뿌리들은 봄과 여름 사이에 적당한 강우량에 의해 다시 단단해지는 경우가 많은데, 가뭄 등에 의해 강우량이 많이 부족하면 원상회복이 안 되는 경우도 있고 반대로 비가 자주 내린 후에는 뿌리가 갈라진 것처럼 튼 것도 볼 수 있다.

산삼의 뿌리에 생긴 가락지 모양의 횡취(횡추 : 橫皺)는 여러 가지 원인이 있을 수도 있겠지만 물렁해진 뿌리가 원상회복이 안 되는 원인도 있을 것으로 보이며 산삼의 나이, 즉 삼령(蔘齡)과는 무관한 것으로 생각된다.

# 산삼의 **뇌두**(노두)

그동안 산삼의 뇌두(노두 : 蘆頭)는 삼령과 비례하는 것으로 생각하여 아주 중요시해왔다. 또한 뇌두의 마디 수가 많으면 오래된 삼으로 인정하게 하여 값이 비싼 경우도 있었다.

뇌두는 낙엽성 다년생 초본식물들이 추운 겨울을 지낸 후 새싹들을 덮어주고 있던 흙이나 낙엽을 헤집고 지상부로 올라올 때 생기는 현상으로 보인다.

본 저자들이 경험한 바로는 산삼이 깊게 묻혀 있을 때는 뇌두의 수가 많았고, 얕게 묻혀 있는 산삼은 뇌두의 수가 거의 없을 때도 많았다.

또한 소나무 밑에서 자라고 있는 산삼은 대체로 뇌두의 수가 많고 길이는 짧았으며 굵기도 가는 편이었다. 그리고 활엽수 밑에서 자란 경우는 뇌두의 수는 많지 않고 뇌두가 굵은 편이었다.

장뇌삼은 뇌두가 긴 삼이라 하여 장뇌삼이라고 부르고 있는데, 가을에 삼대를 잘라주고 부엽토 등으로 약 5~10cm를 덮어준 후 그 다음해 봄 싹들이 그 흙을 헤집고 나오도록 유도를 하여 뇌두를 증가시키는 경우도 있다.

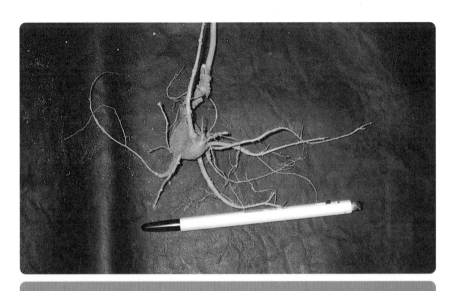

▲ 뇌두가 긴 자연산삼. 뇌두와 삼령을 연관시키는 것은 있을 수도 있으나 효능과는 무관한 것으로 보인다. 즉, 뇌두가 길다고 특별한 효능이 있다는 증거는 없다.

▼ 좌측으로 넘어지는 것을 지탱하기 위하여 지근들이 발달되고 있다. 뇌두에서 측근(턱수)도 발달하기 시작하였다. 자연산삼(3지 이상)은 직삼이 거의 없다.

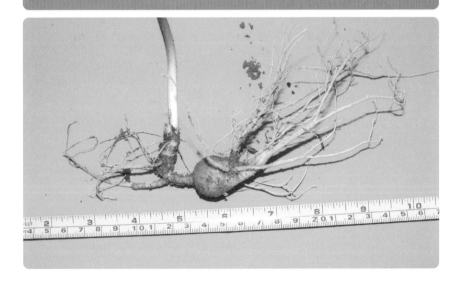

39

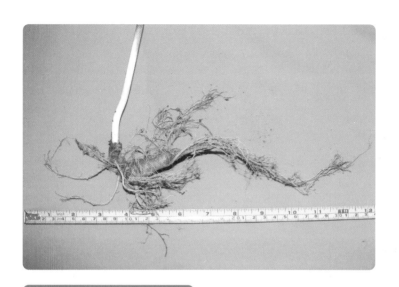

▲ 좌측이 불안하여 측근들이 발달되고 있다. 좌측으로 지근이 발달되지 않은 것은 흙이 없었기 때문이다.

▶ 뇌두가 아주 길지만 척박한 토질에서 자라 성장이 잘 이루어지지 못했다. 뇌두의 수는 많고 길지만 몸체가 워낙 왜소하여 무게가 7g밖에 나가지 않는다. 산삼은 뇌두를 너무 중요시해도 안 된다. 산삼은 보통 뇌두가 길지 않다.

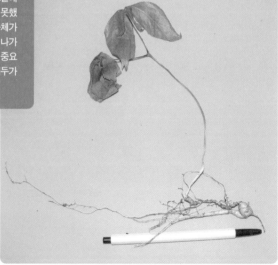

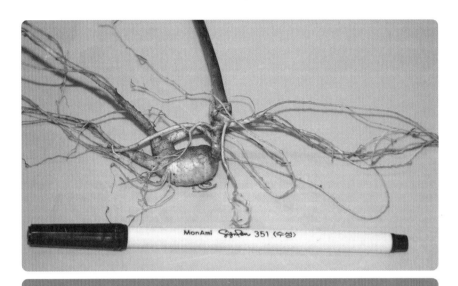

▲ 마사토질에서 자란 자연산삼. 지근과 측근들이 잘 발달되어 있다. 산삼은 얕게 묻혀 있기 때문에 경사가 심한 곳에서 생존하기 위해 다른 나무뿌리들에게 의존하기 위한 것으로 보인다.

▼ 경사가 심한 언덕 아래 황토에서 자란 산삼. 경사면 위에서 많은 영양분이 내려와 충분한 영양을 섭취하고 여유 있게 자란 모습.

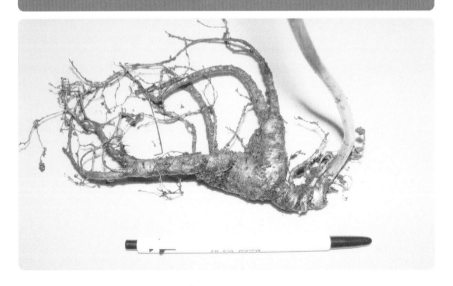

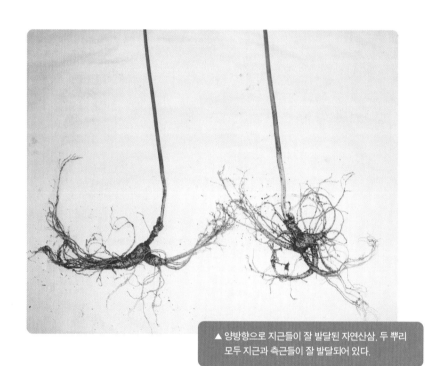

▲ 양방향으로 지근들이 잘 발달된 자연산삼. 두 뿌리 모두 지근과 측근들이 잘 발달되어 있다.

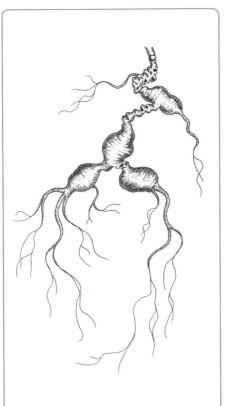

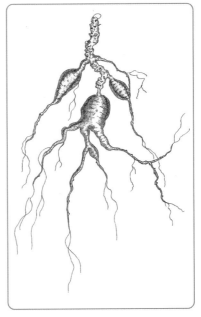

▲ 외국 수입 산삼은 국내 자연산삼 형태와는 확연히 다른 모습이다. 뇌두가 길며 모양이 화려하다.

▶ 외국 수입 산삼.

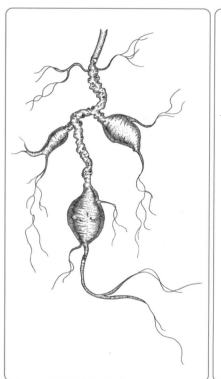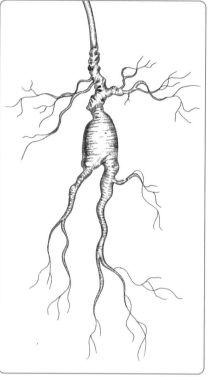

# 산삼은 **다년생**으로 오래 사는 초본식물이다

산삼이나 산양산삼, 그리고 인삼 모두 다년생으로 오래 사는 식물이다.

인삼은 속성재배를 하여 5년이나 6년을 기르고 있다. 인삼도 야생에서 산양산삼처럼 기르게 되면 약 20년 이상을 기를 수 있는 것으로 확인되고 있다. 현재 산양산삼은 약 10년 내외와 20년 내외를 목표로 기르는 경우가 많다.

아직까지 산삼은 얼마 정도를 생존할 수 있느냐에 대해서는 과학적인 방법으로 연구가 이루어지지 않았다. 이렇다보니 이해관계에 따라 산삼의 나이, 즉 삼령은 천차만별이다.

근래 들어서는 산삼의 삼령이 많이 내려가고 있다. 그동안에는 누가 산삼의 삼령을 100년이라고 하면 다른 한쪽에서는 삼령을 더 올리는 경우가 많았다.

현재 산삼을 판매하는 홈페이지 등에 산삼의 효능표시를 하면 식약청에서 단속을 한다. 그러나 산삼의 삼령은 아무리 올려도 단속 대상이 아니다.

산삼의 삼령은 산삼 값과 밀접한 관계가 있다. 또한 소비자들도 산삼의 삼령이 많다고 해야 관심을 보이기 때문에 어쩔 수 없이 높이는 경우가 있는 것으로 보인다.

산삼의 삼령을 왜 중요하게 생각하는 것일까. 따지고 보면 광합성이 얼마 동안 얼마나 잘 이루어졌느냐 때문이다.

그런데 이러한 것은 생각하지 않고 무조건 몇 백 년 된 것이냐를 묻는다. 이럴 때면 산삼을 연구하는 사람들은 정말 답답할 뿐이다.

만약 산삼 10g짜리가 예를 들어 1백만원이라고 한다면 20g짜리는 2백만원이 정상이다.

그러나 현실은 그렇지 않다. 간혹 조금 큰 산삼이 발견되면 그럴 듯한 방법으로 산삼의 삼령을 올리고 과학적으로 근거가 없는 묘한 종(種)자를 붙인다.

이렇게 한 후 무게 비중을 따져서 값을 약간 더 받는 것이 아니고 신비한 산삼으로 포장하여 상상할 수 없는 값을 받고 있는 것이 현실이다.

물론 산에서 고생하는 것을 생각하면 수고비를 조금이라도 더 받고 싶은 심정은 이해가 가지만 엉뚱한 판매방법은 신뢰성을 잃을 수도 있다.

참고로 인삼 5년근과 6년근이 무게의 차이는 나지만 효능의 차이점은 과학적으로 밝혀진 바 없다. 산삼은 광합성과 그 기간이 중요하다.

▲ 혼효림에서 산삼을 발견한 저자들. 산삼은 혼효림의 환경이 제일 중요하다. 좋은 산삼이란 일조량 과다나 부족현상 없이 은은하게 광합성이 이루어져야 한다.

▼ 혼효림에서 산삼을 발견한 저자들. 혼효림의 환경은 대체적으로 일조량이 많지 않다.

▲ 이 산삼은 은은한 광합성이 잘 이루어졌으며 꽃대가 길게 올라가 있다. 일조량 과다현상에서는 잎이 뾰족하지 않다.

◀ 어려운 환경에서 자라고 있는 산삼. 꽃의 열매가 너무 많아 하중을 많이 받는 관계로 넘어져 있다. 산삼은 키가 비슷한 다른 식물들과 공존하는 것을 싫어한다.

▼ 홍색으로 물들기 시작한 산삼의 꽃. 산삼은 비슷한 식물들과 공존하는 경우가 많다.

▲ 이런 곳은 일조량 과다현상이 일어날 수 있다. 가을의 낙엽이 떨어진 이후로 가지 사이로 비추는 햇살이 지표면을 건조하게 할 수 있다. 단, 북향은 일조량이 부족하여 조금은 나은 편이다.

▼ 일조량 과다현상으로 잎이 둥근 산삼. 일조량이 너무 많으면 섬유질 성분이 일찍 형성되고 맛과 향이 조금 떨어진다.

▲ 일조량 과다현상으로 잎이 둥근 산삼. 활엽수가 많은 숲에서 자생하는 경우 일조량 과다현상이 있다.

▼ 일조량 과다현상으로 잎이 둥근 산삼. 이런 경우 지상부만 너무 잘 발달되어 하중을 많이 받는다.

▲ 일조량 과다현상으로 잎이 둥근 산삼.

▶ 새싹으로 태어나는 삼의 모습.

▲ 잎이 펴지기 시작한 자연산삼.

▼ 대구 경북 과학기술연구원 황규석 실장과 함께 한 김창식 저자(오른쪽). 이 산삼은 일조량이 부족한 편이라 지상부가 잘 발달되지 못하였다.

▲ 직장인의 휴일(노루표 페인트 장일순 과장).
   산 정상에서 발견한 산삼. 산삼은 누구
   나 노력하면 캘 수 있다.

▶ 이창학 부부가 발견한 산삼. 어린 산삼
   의 모습은 언제 보아도 신기하다.

▲ 땀 흘리고 지친 모습이지만 산삼을 발견하면 피곤함도 잊는다. 산삼은 특정인만 캐는 것이 아니다.

▼ 산삼을 접해보지 않고는 산삼을 논하기가 어렵다. 동의대학교 한의과대학 신순식 교수(왼쪽)와 김경철 교수는 2년간 김창식 저자와 함께 전국의 산을 누볐다.

▲ 혼효림이 잘 어우러진 환경. 이런 곳에서 산삼이 자라면 광합성이 잘 이루어질 수 있다.

▶ 산삼을 발견한 이옥현 원생. 백 번 설명보다도 실제 체험이 중요하다.

▲ 발견하기 어려운 산삼. 혼효림의 환경이라 잘 자라면 광합성이 잘 이루어져 품질이 좋은 산삼이 될 수 있다.

◀ 네 가지 중 세 가지가 6엽(葉)이고 한 가지는 4엽이다. 몇 년 이내에 5지 산삼으로 발달될 가능성이 있는 것으로 보인다.

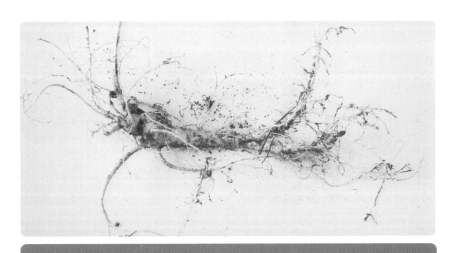

▲ 한 방향 곡삼으로 발달된 산삼. 좌측으로는 측근들이 잘 발달되기 시작하였다. 만약 좌측에 측근들이 발달되지 않으면 하중으로 인하여 좌측으로 넘어질 가능성이 많다.

▼ 단풍으로 물든 가을의 산삼. 생을 마감하기 위하여 지상부에 있는 유기물질을 뿌리로 내려 보내고 있는 중으로 보인다.

▲ 경사가 심한 소나무 밑의 산삼. 산의 정상 부근에서 자라 센 물줄기의 피해가 없어 생존된 것으로 보인다.

◀ 경사가 심한 곳에서 몸을 지탱하기 위하여 지근이 여러 가닥으로 발달되어 있다.

▲ 심마니 생활 17년 만에 두 번째 6지 산삼을 본 김창식 저자.

▼ 깊이 묻혀 있어 뇌두가 길다(효능과는 무관한 것으로 보여짐).

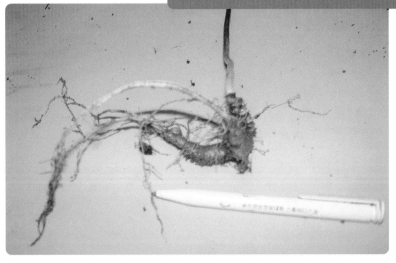

▲ 경사가 심하고 토질이 부드러워 몸을 지탱하기가 곤란하여 지근이 세 가닥으로 발달된 것으로 보인다. 만약 지근이 한 가닥이라면 유실될 가능성이 많다.

▼ 애기삼들이 함께 있는 가족삼. 홍숙된 열매의 수가 많아 하중을 견디지 못하여 넘어져 있는 것으로 보인다.

▲ 한의사와 공무원도 휴일은 산에서 취미생활을 한다.

▼ 산삼은 비슷한 식물과 공존하는 경우가 많아 세밀한 관찰이 필요하다.

▲ 산삼을 발견한 공주영상대학 유재만 부학장(왼쪽)과 김준모 방송인. 공주영상대학 산양산삼 농장은 원시림에 파종을 하여 기르고 있다.

▶ 비 오는 날 산삼을 발견한 공주영상대학 이수만 교수(왼쪽)와 유재만 부학장. 공주영상대학 농장을 만들기 전 산삼의 자생지 연구부터 하였다.

▲ 대한자연산삼복용연구소 백명현 한의학박사(왼쪽에서 두 번째)는 수년째 산삼의 연구에 몰두하고 있다.

▼ 봄에 태어난 어린 삼들의 모습.

▲ 아직 잎이 덜 핀 자연산삼.

▶ 뿌리 밑의 모습. 지근들이 몸을 안전 하게 지탱하기 위해 여러 방향으로 발달되어 있다.

▲ 찾기 어려운 산삼.

▼ 이 산삼은 일조량이 부족하여 성장이 더딘 것으로 보인다.

▲ 혼효림 속의 산삼. 산란광이 은은하게 비춰주고 있는 것을 볼 수 있다. 이런 곳에서 광합성이 잘 이루어 지면 유기물질 함유량이 많아 좋은 산삼이 된다.

▼ 일조량이 좋은 곳의 자연산삼의 모습. 백명현 한의학박사 일행과 함께 발견한 산삼.

# **천종산삼**이란 무엇일까

국어사전에서 천종산삼(天種山蔘)이란 단어를 찾아보면 의외로 뜻은 간단하다. '자연적으로 깊은 산에 나는 산삼' 이라고 되어 있다.

또한 지종산삼이나 인종산삼, 그리고 진종산삼에 대한 뜻은 수록도 되어 있지 않다. 왜 그럴까 라고 궁금하겠지만 답은 간단하다.

산삼이란 단어 앞에 무슨 종류의 산삼이라고 새로운 종(種)에 대한 이름을 붙이기 위해서는 종을 분류하고 연구하는 학자들이 많은 산삼을 시료로 사용하여 종에 대한 연구부터 이루어져야 한다.

그 다음 그 차이점이나 새로운 물질이 발견되면 여러 절차에 의해 새로운 종으로 명명될 수도 있다.

그러나 새로운 물질의 발견은커녕 실험도 없이 우선 산삼 값을 많이 받기 위해 천종산삼이나 진종산삼이 있는 것처럼 해서는 안 된다.

67

또한 앞으로는 신비함으로 포장을 해서 이윤을 추구하려고 하는 것보다는 우선 연구부터  한 다음 정상적으로 판매를 하는 것이 더 현명할 것으로 보고 있다.

본 저자 중의 한 사람인 김창식과 대전대학교 한의대 김동희 교수팀은 산삼 130g과 산양산삼, 그리고 인삼을 시효로 2004년도에 DNA 검사를 해본 결과 특별한 종을 찾지 못한 경험이 있다.

▲ 백명현 보림한의원 원장(뒤쪽 왼쪽에서 두 번째)과 그 일행들.
▼ 다른 나무들과 엉켜 잔뿌리들이 많으나 잔뿌리의 유무와 효능과는 무관한 것으로 보인다.

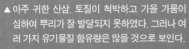

▲ 아주 귀한 산삼. 토질이 척박하고 가을 가뭄이 심하여 뿌리가 잘 발달되지 못하였다. 그러나 여러 가지 유기물질 함유량은 많을 것으로 보인다.

▶ 전형적인 어린 산삼. 아기들용으로 아주 좋다.

▶ 우측으로 지근이 잘 발달된 산삼. 아직 완전한 곡삼은 아니나 지상부가 더 발달되면 완전한 곡삼의 형태를 취할 것이다.

▶ 일부에서는 소나무 아래에선 산삼이 자생하기 어려운 것으로 잘못 알고 있으나 외송나무 밑에서도 산삼이 자라고 있다.

# 좋은 산삼이란

인간은 누구나 잔병치레도 없이 건강을 잘 유지하면서 살고 싶어한다.

산삼을 좋아하는 이들도 구체적으로 알고 보면 면역력 계통에 이상이 생기는 것을 예방하고 현재 문제가 있는 이들은 면역력 조절기능을 높이기 위해 산삼을 먹고 싶어하는 것이고 또 먹으면 많은 도움이 된다.

물론 심마니도 산삼을 캐다보면 먹고 싶을 때가 있다. 그러나 가족의 생계유지를 위하여 돈이 될 만하고 좋은 것은 내다팔고, 캐다가 상처가 생긴 것이나 어린 산삼만 먹는 경우가 종종 있고 가족들도 그런 것을 준다. 그리고 산양산삼을 재배하는 이들도 수확기에 생기는 파삼을 먹는 것이 사실이다.

그렇다면 심마니가 내다파는 좋은 산삼은 어떤 것일까.

초보 심마니들은 어린 산삼은 물론 참나무가 많은 숲에서 자란 산삼도 좋아 보인다. 그러다가 경력이 많아지면 소나무와 참나무가 어우러져 있는 혼효림의 숲에서 자란 산삼을 아주 좋아하게 되고 최고로 인정해준다.

게다가 차츰 연구 경력이 많아지면 광합성이 잘 이루어진 산삼은 모두 좋아하고 양을 많게 하여 섭취하는 방법 등을 연구하게 된다.

혼효림에서 자란 산삼을 최고 좋은 산삼으로 생각하는 이유는 이런 환경에서 자라면 일조량 과다현상이나 부족현상 없이 은은한 광합성 작용이 잘 이루어져 여러 가지 유기물질이 많이 함유되기 때문이다.

여러 가지 유기물질이란 사포닌과 비사포닌 성분이다. 삼에 함유된 사포닌과 비사포닌 성분은 면역력 항진이나 저하증에 전문가와 상의하여 잘 음용하면 부작용이 없으면서도 아주 좋은 효과가 있다.

또 이런 곳에서 자란 산삼을 캐어보면 삼대가 많이 길지 않고 잎이 뾰족하고 좁은 편이며 맛은 쓴맛보다 단맛이 많고 은은한 향도 오래 지속된다. 이런 맛과 향은 정유성분(精油成分)이 많기 때문이다. 정유성분은 염증치료는 물론 방사선 치료 중에 나타나는 통증완화에 좋은 효과가 있다.

물론 활엽수종이 많은 곳에서 자란 산삼도 광합성이 잘 이루어지면 혼효림에서 캔 산삼과 약간의 성분 차이는 있을 수 있으나 그리 많은 차이가 없기 때문에 많은 양을 음용하면 실망하는 경우가 거의 없다.

참고로 산삼으로 동물실험을 한다해도 약 2~5개월 정도의 기간이 필요한 경우가 많다. 당뇨나 류머티즘의 말초순환장애 등은 6~12개월 정도의 실험이 필요하다.

▲ 혼효림 속의 산삼. 우리나라 산삼은 잎이 얇고 뾰족하다.

▼ 척박한 토질에서 2지 산삼과 3지 산삼이 함께 자라고 있는 모습. 주변에 비슷한 식물들이 있다.

▲ 단풍이 물든 후 넘어져 있는 산삼.
이런 토질은 배수는 잘 되지만 산삼
이 자생하기는 황토와 마사토질이
섞여 있는 것이 좋다.

▶ 가을의 산삼. 소백산에서 발견.

▲ 척박한 토질에서 생존하여 몸체는 왜소 하지만 여러 가지 유기물질 함유량은 많 을 것으로 보인다.

▼ 혼효림에서 자란 산삼은 은은한 광합성 이 잘 이루어져 여러 가지 유기물질 함 유량이 아주 많다.

▲ 김은호와 윤상혁 저자(오른쪽). 일조량이 부족한 곳에서 발견한 산삼.

▼ 활엽수 밑의 어린 산삼. 활엽수 밑에서 자라는 산삼은 성장 속도가 빠르다.

◀ 목원대학교 심정기 식물학 교수가 산삼을 발견하여 사진촬영을 하고 있다.

▼ 경사가 심한 곳에서 산삼을 발견한 이철규 저자.

# 산삼과 산양산삼,
## 제대로 알고 먹어야 한다

　우리나라는 사계절과 혼효림의 숲이 있고 황토와 마사토질이 많아 반음지식물인 산삼과 산양산삼이 은은한 광합성 작용을 잘 이루면서 자랄 수 있는 천혜의 요건을 갖추고 있다.

　이런 환경에서 산삼이나 산양산삼이 자라면 은은한 광합성 작용에 의해 여러 가지 유기물질이 많이 형성되어 우리가 나이와 성별, 그리고 건강상태 등을 고려하여 음용하면 건강에 도움이 된다.

　사포닌 성분은 면역력이 항진되는 것을 조절해주며 소화기능이나 심장질환, 그리고 거담제와 이뇨작용 등에 탁월한 효과가 있다. 또 비사포닌 중의 정유성분은 염증치료는 물론 통증완화 작용에도 효과가 있어 이러한 성분들은 복합적으로 면역력이 떨어질 때 아주 좋다.

　물론 중요한 것은 어린아이들은 산삼을 한 뿌리만 음용하여도 좋은 경우가 많으나 어른들은 성별과 나이에 따라 10뿌리 이상을 음용하여야 좋은 경우가 많다. 따라서 산삼 한두 뿌리로 기적을 바라지 않는다면 다음과 같은 질환에 의외로 좋은 결과를 얻는 경우가 많다.

## 원기회복

어느 병이나 심하게 앓고 나면 기가 빠져 매사에 의욕이 없다. 이럴 때 흔히 면역력이 떨어지게 되는데 면역력을 높이고 원기를 회복하기 위해서는 산삼이나 산양산삼을 면역력 상태에 따라 장기간 음용하면 아주 좋은 효과를 볼 수 있다.

## 당뇨 치료 효과

당뇨 환자들은 산삼이나 산양산삼을 꼭 달여서 따뜻하게 장기간 음용하면 대부분 좋아진다. 특히 당뇨 환자에게 냉수는 좋지 않은 것으로 생각된다.

## 암 예방 효과

산삼에 암을 치료할 수 있는 물질이 있는 것으로 밝혀진 것은 없다. 그러므로 달콤한 이야기에 현혹되어서는 안 된다. 그러나 수술 후 면역력을 조절해주는 데는 음용할 필요가 있다.

## 노화방지

산삼이나 산양산삼을 음용한 후 기미가 없어진 예는 아주 많다. 이는 피부세포를 활성화시키는 효능이 있기 때문일 것으로 생각된다. 그래서 피부미용에 탁월한 효과가 있는 것으로 보인다.

## 성기능 활성화

신체가 노화되면 남성들에게는 어느 날 갑자기 발기부전증이 나타나거나 성기능이 급격히 약화된다. 이럴 때 산삼은 약 200g 이상, 산양산삼은 300g 이상 달여서 장기간 음용하면 좋은 효과가 있다.

## 혈압 조절 효과

산삼 중에 사포닌과 비사포닌 성분이 면역력에도 좋지만 혈압 조절에도 효과가 좋은 것으로 밝혀지고 있다.

## 그 외의 효과

- 치매 초기에 효과를 보는 경우가 많다.
- 알레르기성 비염에도 좋다.
- 신경통은 많은 양이 필요할 것으로 보인다.
- 갑상선 환자는 면역력 항진이나 저하에 문제가 있는 분들이 많으므로 꼭 달여서 하루에 최저의 양을 서서히 음용하면 아주 좋은 효과를 볼 수 있다(전문가와 상담 후 음용하는 것이 좋다).
- 불면증이 있는 경우는 첫날 적은 양을 먼저 음용한 후 차츰차츰 조절하여 장기간 음용하면 좋아지는 경우가 많다.
- 피부염은 되도록 뿌리만 달여서 하루에 조금씩 장기간 음용하면 아주 좋다.
- 만성피로는 장기간 음용하면 피로를 모르는 경우가 많다.

● 두뇌활동 촉진을 위해서는 적절한 양을 달여서 음용하면 좋다.

● 위장이나 호흡기 질환이 있는 경우도 달여서 음용하면 아주 좋다.

● 결핵이나 신경쇠약이 있는 경우도 달여서 음용하면 아주 좋다.

단, 임산부나 아이들에게 모유를 먹이는 산모, 금욕생활을 하는 사람
은 산삼이나 산양산삼을 먹지 않는다. 그리고 급성신장염이나 급성간염
의 경우도 음용하지 않는 것이 좋다.

▲ 산삼의 지상부는 1년 초이기 때문에 봄부터 가을까지 광합성으로 형성되었던 모든 유기물질들을 지하부(뿌리)로 내려보낸 후 지상부의 1년생을 마감하고 그 다음해 봄 다시 새싹이 올라온다.

▼ 이 산삼은 인위적인 조작이 아무리 발달되어도 변형을 시킬 수 없는 형태의 특별한 자연산삼이다.

▲ 산삼에 관심이 많은 대전 모 구청 감사실장은 어렵게 시간을 내어 선몽을 받아야 산삼을 캘 수 있는지를 알아보기 위해 저자인 김창식 교수와 산행을 하여 산삼을 발견하였다.

▶ 간혹 산삼이 있는 곳에는 다른 식물들이 살지 못한다는 주장도 있으나 객관성이 없는 주장은 되도록 삼가는 것이 좋을 것으로 생각된다.

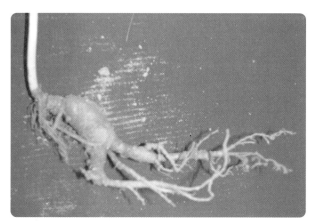

▲ 배수가 잘 안 되는 토질에서 자란 산삼은 오래 살지 못하는 경우가 많은 것으로 생각되며 뿌리의 성장 속도도 느린 것으로 판단된다.

▼ 북향에서 발견한 산삼. 산삼은 토질도 중요하지만 일조량도 중요한 것으로 생각된다. 북향은 대체적으로 일조량이 부족하여 성장 속도가 느린 것으로 판단된다. 물론 산의 높이에 따라 다를 수는 있다.

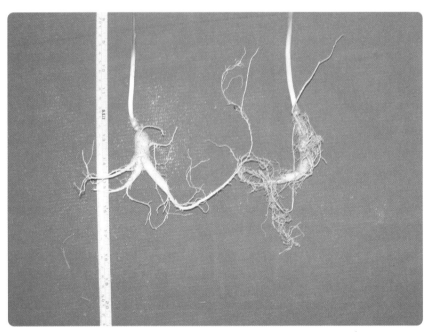

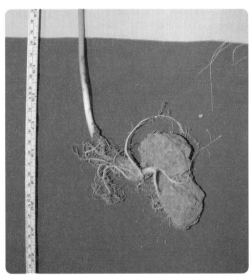

▲ 몸을 지탱하기 위하여 지근들이 곡삼으로 발달되기 시작하였다. 이 산삼은 흔히 장뇌삼 등으로 잘못 판단할 수도 있으나 우측 산삼의 뿌리를 잘 관찰해 보면 옆으로 뻗기 시작하였다. 이 가는 뿌리는 흙이 많은 곳으로 뿌리를 뻗어 몸을 지탱하고 영양소를 흡수하기 위함으로 보여진다.

◀ 척박한 토질에서 캔 산삼(흙이 매우 딱딱하였다). 찰흙이 많은 곳은 배수도 잘 안 되지만 비가 온 뒤 딱딱하게 굳어져 뿌리의 성장이 매우 느리다.

▲ 지근들이 여러 방향의 곡삼으로 발달되기 시작하였다. 이 산삼의 뿌리를 살펴보면 아직은 가는 편이나 지상부가 발달되면서 실뿌리도 여러 방향으로 굵게 발달하여 몸을 안전하게 지탱해주는 역할을 하게 된다.

▼ 봄에 꽃가루가 날리기 시작할 때 발견한 산삼. 혼효림의 숲에서 자라는 산삼은 일조량이 부족하여 대체적으로 연한 편이다. 그리고 특히 봄철에는 꽃가루가 많아 천천히 산삼을 찾아야 한다.

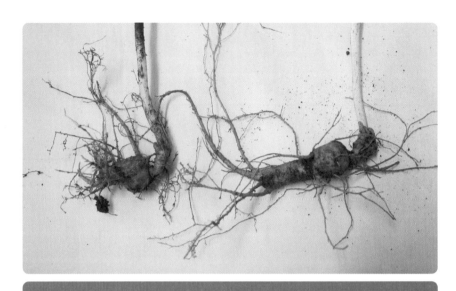

▲ 황토에서 캔 자연산삼. 흔히 산삼이 잘생겼다는 말을 듣게 되는데 정말 그 기준이 무엇인지가 궁금하다. 좋은 산삼의 관건은 얼마나 안전한 자세로 성장되었는가에 달려 있다.

▼ 큰 산삼들. 자연산삼으로는 큰 산삼이다. 물론 인위적으로 증식을 시킨 삼이나 토질과 일조량에 따라 잘 성장되어 더 큰 산삼도 있겠지만 산삼이 너무 큰 것은 수분성분 관계를 잘 관찰할 필요가 있다.

▲ 몸을 지탱하기 위하여 지근이 두 가닥으로 발달되어 있고 우측에도 측근이 발달되기 시작하였다. 토질이 부드러운 경사면으로 뿌리를 뻗을 때는 한 가닥 지근으로는 몸을 의지하기가 불안하니까 두 가닥으로 지근을 뻗는 경우가 많다.

▼ 침엽수 밑의 황토에서 캔 산삼. 뇌두로 삼령을 주장하는 대로라면 엄청나게 오래된 산삼이라고 할 수도 있겠지만 본 저자들의 견해로는 약 20년 내외로 보고 싶다. 뇌두로 삼령을 추정하는 것은 객관성이 부족하다.

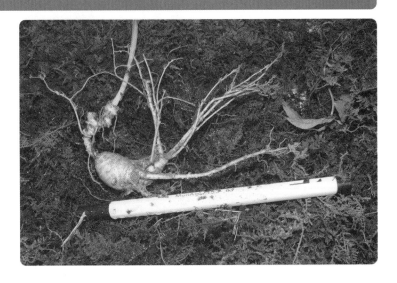

▲ 전형적인 곡삼의 모습. 산삼은 어릴 때부터 안전한 자세로 성장되어야 자연에 순응하면서 오래 생존할 수 있고 그 후손도 번성시킬 수 있다.

▶ 6지(6구) 산삼으로 초대형 산삼의 뿌리 모습이다. 큰 산삼은 지상부의 하중을 많이 받아 한 방향으로 뿌리를 발달시키는 경우가 드물고 대부분 여러 방향으로 뿌리를 발달시키게 된다.

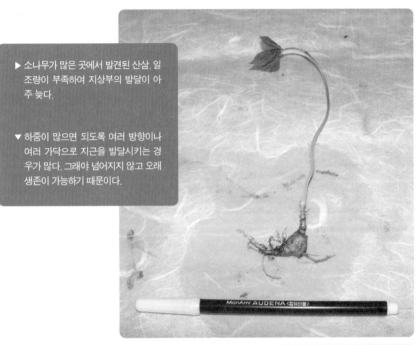

▶ 소나무가 많은 곳에서 발견된 산삼. 일조량이 부족하여 지상부의 발달이 아주 늦다.

▼ 하중이 많으면 되도록 여러 방향이나 여러 가닥으로 지근을 발달시키는 경우가 많다. 그래야 넘어지지 않고 오래 생존이 가능하기 때문이다.

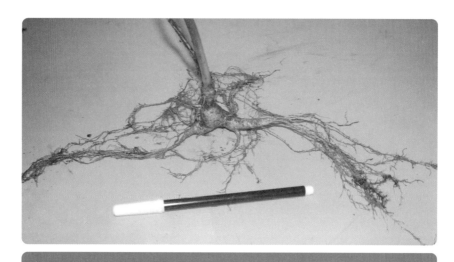

▲ 산삼은 대부분 깊게 묻혀 있지 않기 때문에 경사가 완만한 곳이라도 몸의 균형을 잡기 위해서는 양방향으로 뿌리가 발달되어야 안전하다. 5지 산삼 정도가 되면 지상부의 하중을 많이 받게 되어 한 방향 이상 지근이 발달되는 경우가 많다.

▼ 하중을 많이 받기 시작하여 왼쪽으로 넘어질 가능성이 있기 때문에 왼쪽으로 지근을 발달시키기 시작하였다.

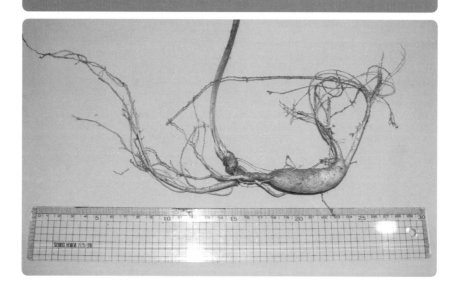

▲ 경기도에서 발견한 산삼. 여러 방향으로 지근을 발달시켜 몸의 균형을 잘 유지하고 있다. 참나무 아래서 동향으로 성장하고 있었다.

▼ 소백산에서 발견한 산삼. 아직 어린 산삼이지만 뿌리가 곡삼으로 안전하게 발달되었다.

◀ 척박한 토질에서는 뿌리가 잘 발달되지 않는다. 뿌리의 발달은 토질과 밀접한 관계가 있는 것으로 판단된다.

▼ 하중을 많이 받는 고목나무도 지근들을 여러 방향으로 발달시켜 중심을 잡고 있다. 산삼도 하중을 많이 받기 시작하는 4지 이상이 되면 목본식물처럼 한 방향 이상 뿌리를 발달시키기 시작한다.

▶ '산삼을 연구하는 사람들'이 지상부의 하중을 많이 받는 나무와 지상부의 하중을 많이 받는 산삼과 비슷한 것을 관찰하고 있다.

▼ 지상부의 하중을 잘 견디기 위해 여러 방향으로 뿌리가 발달되어 있다. 산삼은 완전 직삼은 드물다.

▲ 큰 나무도 여러 방향으로 뿌리를 발달시켜 지
상부의 하중을 잘 견디고 있다.

▼ 산삼도 자상부의 하중이 있기 때문에 고목나무
처럼 지근을 여러 갈래로 발달시킨다. 뿌리의
안전한 발달은 아주 중요하다.

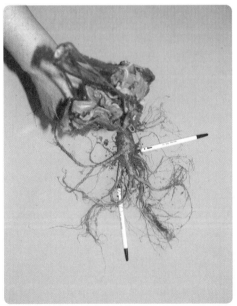

▲ 지상부의 하중을 많이 받는 고목나무
나 초본식물들도 몸을 지탱해주는 지
근들이 여러 방향으로 발달되어야 자
연에서 오래 생존할 수 있다.

◀ 땅을 파고 심은 장뇌삼과는 뿌리의 형
태가 다르다. 물론 지금은 장뇌삼을
뉘어 이식을 한 후 산삼으로 둔갑시키
는 사례도 많아 주의가 필요하다.

▲ 고목의 지근들도 지상부의 하중을 잘 견디기 위해 발달되는 것이다.

▼ 산삼도 나무처럼 지근들을 여러 방향으로 발달시켜 몸을 안전하게 지탱하고 있다. 대부분 4지부터는 한 방향 곡삼보다 여러 방향의 곡삼이 많다.

▲ 사방으로 지근들이 발달되어 장
뇌삼과는 다르며 이 산삼도 쉽
게 변형을 시키기 곤란한 자연
산삼의 모습이다. 뿌리 전체가
안정감을 주고 있고 이런 산삼
은 비바람에도 쉽게 넘어지지
않는다.

# 산삼의 **약리작용**

산삼은 도대체 어떤 약리작용을 갖고 있기에 많은 사람들의 관심과 주목을 받는 것일까?

산삼의 희소성으로 인하여 실험에 제한을 받아 산삼의 약리작용은 인삼의 약리작용에 근거하여 추정해 볼 수 있다.

한의학에서 가장 오래된 약물학서인 《신농본초경(神農本草經)》에는 "오장을 보하고 정신을 안정시키고, 혼백을 진정하여 깜짝깜짝 놀라는 것을 멈추게 하고, 외부로부터 침입하는 나쁜 사기를 없애주며, 눈을 밝게 하고 마음을 열어 더욱 지혜롭게 하고, 오랫동안 복용하면 몸이 가벼워지고 장수한다"고 인삼의 핵심적인 약리작용을 요약하여 설명하고 있다.

이러한 약리작용은 "인삼이 비특이적으로 생체의 저항력을 강화시켜 우리 몸의 전반적인 생체기능을 정상화시킴으로써 항상성을 유지시켜

주는 작용이 있다"고 주장한 러시아의 약리학자 브레크만의 인삼 적응설과 잘 부합된다고 할 수 있다.

이를 뒷받침하는 산삼의 과학적인 약리작용을 구체적으로 몇 가지 살펴본다.

### 중추신경계에 대한 작용

중추신경계에 흥분과 진정의 양면적 작용을 미치며 그 효과는 투여용량에 따라 상이하다. 중추신경계에 대한 진정작용을 발현하고, 완만한 흥분작용을 나타내는 사포닌이 모두 들어 있는 것으로 밝혀졌다.

또 항우울, 항불안과 수면 안정화 작용이 있다. 행동약리학적 연구 결과, 각종 스트레스를 방어해주는 향정신작용이 있음이 보고되었다.

신경전달물질의 대사에 영향을 미쳐 중추효과를 나타낸다. 사포닌 성분은 중추의 중요한 억제성 신경전달물질인 GABA의 농도 저하로 유발되는 경련과 발작증에 유효성이 기대된다.

진세노사이드는 감각신경세포에 존재하면서 통증전달에 관여하는 칼슘채널을 억제하는 작용이 있어 통증을 조절하는 작용이 있음이 밝혀졌다.

### 뇌기능 증진효능

《신농본초경》에는 "정신을 안정시키고 마음을 열어 더욱 지혜롭게 한다"고 하여 일찍이 두뇌 항진효능을 인정하고 있고, 《중국약학대전》에는 "두뇌활동을 활발히 하여 정신기능을 왕성하게 하고 시력, 청력, 사고력과 기억력을 증강시켜주며 주의력의 집중을 잘하게 하는 역할을 한다"

고 명시하고 있다.

학습기능 증진과 기억력 감퇴를 개선시킨다. 사포닌은 행동 약리실험 결과, 전기 자극에 대한 기억력 획득기능을 향상시키고 전기 충격을 비롯한 여러 가지 운동 스트레스에 의해 일어나는 기억상실을 억제하는 효과가 있는 것으로 보고되었다.

또한 사람을 대상으로 임상적 적용시험 연구 결과, 정신적, 지적 작업 수행 효율을 향상시키는 것으로 알려지고 있다.

기억학습에 관여하는 콜린 신경계와 뇌대사기능에 유효한 영향을 미친다. 기억력 개선효과를 나타내는 한방처방에 산삼은 중요한 활성약물로 작용하며, 사포닌 성분은 기억학습과정의 LTP(뇌 해마부위의 장기간 증강) 형성을 촉진한다.

산삼 성분은 배양 신경세포의 분화, 성장촉진 등 뇌세포 부활작용이 있고 뇌허혈에 수반하는 신경세포 손상과 학습행동장애에 예방적 효과가 있는 것으로 알려져 있다.

학생들의 뇌기능 활동 및 피로회복 등 허약체질 개선 등에도 효과가 있다.


## 발암 억제작용과 항암 활성

사포닌 성분과 비사포닌 물질 중에는 여러 종류의 암세포 증식을 억제하는 활성이 있다. 암세포 증식을 억제하는 주요 활성성분으로는 G-Rh₂ 사포닌과 비사포닌 물질로서 지용성 분획물 중 파낙시돌, 파낙시놀, 파낙시트리올 등의 폴리아세칠렌 성분이 있다.

또한 산삼 중에는 분화력을 상실한 탈분화 상태인 암세포를 기능적으로 재분화시켜 정상세포로 유도하는 작용이 있다.

산삼은 항발암작용과 항암제의 항암 활성 증강효과가 있다. 여기에는 암세포의 전이와 항암제의 내성형성을 억제하는 활성성분이 있다. G-Rh₂의 암세포 증식 억제에 대한 분자생물학적 작용기전이 밝혀지고 있다.

산삼을 복용하면 암의 일차 예방에 유용성이 있는 것으로 알려져 있다. 따라서 암 치료요법의 보조 치료요법으로서 산삼 복용의 유용성이 제시되고 있다.

산삼은 암을 예방하고 몸의 생명력을 강화시킨다. 암은 비기(脾氣)의 통합 기능이 부족하여 자연치유력의 통제에서 이탈함으로써 생기는 것이므로 암의 예방과 치료보조로 산삼을 겸용하면 유익하다.

## 면역기능 조절작용

자연살해세포(NK cell)의 활성화 및 인터페론 생성을 촉진하는 효과가 있다. 자연살해세포는 생체에서 항원에 대한 사전 감지 없이 바이러스에 감염된 세포 혹은 종양세포 등을 파괴하는 능력이 있다.

자연살해세포의 활성도는 많은 요인에 의해 변화되는데 인터페론, 인터류킨 등은 NK세포의 살해능력을 증강시키는 효과가 있는 것으로 알려지고 있다. 산삼 추출물은 망내계 대식세포 활성화작용과 항체 생성에 유효한 영향을 미친다.

산삼 중에는 배양 임파세포의 유사분열을 촉진 또는 억제하는 성분이 있어 면역기능을 조절하는 작용을 한다. 그리고 항암제에 의해 저하된 면역기능을 증진시키는 효능이 있다.

또 산삼은 원기를 회복시킨다. 생체 기(氣)를 증강하여 인체의 전반적인 컨디션을 좋게 한다. 피로회복과 저항력이 약한 사람들의 원기회복에 알맞다. 사람의 부족한 기(氣)를 보충하고 막힌 기를 뚫어 순환시켜서 면역기능을 증진하고 허약체질을 개선하는 효과가 있다.

특히 어려서 산삼을 복용하면 추위를 타지 않고 면역기능과 자연치유력을 높이므로 강한 체질로 개선시켜준다.

## 당뇨병 조절과 예방작용

당뇨병 유효 한방처방의 구성 약물 중 산삼은 중심적 역할을 한다. 실험적으로 유발된 고혈당을 저하시키고 당뇨병으로 인한 대사장애를 개선시키는 작용이 있다.

또 인슐린 분비를 촉진하고 인슐린 유사작용 성분을 함유하고 있으며, 당뇨병 환자의 자각증상 개선과 합병증 예방에 유용성이 기대되고 있다.

## 간기능 증강작용

단백질 합성 촉진, 당 및 지방대사 촉진작용이 있다. 주요 사포닌 성분인 G-Rg$_1$은 간세포 효소 단백의 유전자 발현을 촉진한다. 독성분 해독 촉진작용, 간 상해 보호와 간 재생 회복 촉진작용을 한다.

특히 알코올 해독 촉진작용을 해 숙취해소에 효용성이 있다. 간염을 억제하는 활성이 있어 간염치료에도 상당한 유용성이 있다.

## 심혈관장애 개선 및 동맥경화증 억제작용

혈관 확장작용을 가지고 있어 혈류순환을 개선시킨다. 사포닌 성분은 동맥경화증 발생 억제와 혈압조절에 중요한 역할을 하는 혈관 이완반응의 촉진과 혈관 내피세포의 손상을 방어해주는 효과가 있다.

또 심근세포 보호작용과 심기능 강화작용을 가지고 있으며 혈소판 응집을 억제하는 작용이 있다. 적혈구 변형 능력의 개선작용을 가지고 있어 말초순환을 개선시킨다. 혈관 평활근 세포의 증식 억제작용이 있고, 콜레스테롤 대사 개선작용을 가지고 있다.

### 혈압 조절작용

혈압 강하작용과 혈압 상승작용의 양면적 적용성분이 공존하고 있는 것으로 알려져 있다. 사포닌 성분의 혈압 저하효과는 혈관 이완반응을 촉진하는 작용과 관련이 있다.

고혈압 환자의 삶의 질을 개선시키며 강압제와 병용시 보조치료 요법제로서 유용성이 기대되고 있다.

### 갱년기장애 개선 및 골다공증에 미치는 효과

적혈구 변형을 개선시켜 미세 순환개선에 의한 난소기능 부활작용이 있고, 여성 갱년기장애 증상의 개선에 효용성이 있다. 실험적 골다공증 유도동물에 대한 골 형성 및 골의 생역학적 성질 개선에 유용성이 있는 것으로 알려져 있다.

또 원기를 북돋워주고 활발한 두뇌활동과 정신력을 왕성하게 함으로써 저항력을 강화시켜 각종 질병으로부터 면역기능과 자연치유력을 높여주는 작용을 하므로 각종 성인병(당뇨, 암, 저혈압, 간장병, 심장병)은 물론 남자의 성기능장애와 여성 갱년기장애 해소에도 좋다.

## 스트레스 억제와 피로회복 작용

각종 유해한 환경에 대한 신체적 적응능력의 향상과 피로회복을 촉진한다. 인체실험을 통해서도 운동 수행능력과 피로회복 촉진효과가 제시되고 있다.

또 더위나 추위 등 환경 스트레스에 대한 방어효과를 가지고 있고, 스트레스에 의한 면역기능의 저하를 억제하며, 부신피질 자극 호르몬의 분비를 촉진하여 스트레스를 억제하는 효과를 발현한다. 스트레스로 유발되는 성기능장애를 개선시키는 효과도 있다.


## 위궤양과 염증 억제작용

소화기능을 항진시키고 위궤양의 예방과 치유에도 유용성이 있어 스트레스 궤양의 발생을 억제하고 야기된 위궤양 증상의 치유과정을 촉진하는 작용이 있다.

또 염증을 억제하는 활성과 피부각질 연화작용이 있다.


## 마약 해독작용

사포닌과 그 추출물은 모르핀의 내성과 의존성 형성을 억제하고, 코카인과 메탐페타민의 역내성 및 정신적 독성 증상을 억제한다.


## 신장 기능장애에 대한 효과

신장염을 억제하는 효과를 나타내고 신장 기능장애의 진행을 억제하며, 신장질환의 발생과 진행에 관여하는 유해한 활성산소를 제거한다.

### 항산화 활성 및 노화억제 효능

유해한 활성산소의 생성증가와 지질과산화를 억제하는 항산화 활성효과가 있고, 활성산소를 소거하는 생체효과를 활성화하여 산화적 스트레스를 방어하는 작용이 있다. 노화를 방지하여 수명연장의 효과가 있다.

또 산삼은 양기를 보양하는 대표적인 한약재로 신진대사를 촉진하여 우리 몸의 노화를 방지하는 효과가 있다. 노인 인구의 증가로 사회적인 문제가 되고 있는 치매 등의 질환에도 상당한 효과가 있다.

### 방사선 장애방어 효능

방사선 장애를 방어하는 활성성분이 함유되어 있다.

▲ 부산 동의대학교 한의과대학 신순식 교수가 2002년 바이오 엑스포에서 산삼에 대한 설명을 하고 있다.

▼ 산행체험 후 소수서원 앞에서 기념촬영을 한 신순식 교수(왼쪽에서 두 번째)와 한의사 선생님들.

― 체험학습 및 일손돕기 ―
환 목원대학교 평생교육원 산삼과정 1기생 영
[때: 2006. 11. 20    곳: 속리산 산양산삼 연구센터]

▲ 속리산에서 체험학습을 한 목원대학교 평생교육원
산삼전문가 양성과정 1기생들.

# 한의사가 본
## 산삼과 산양산삼

세계적으로 유명한 고려인삼, 인삼의 재배지로 유명하다는 개성이나 금산은 1530년 조선 중종 때 완간된 《신증동국여지승람(新增東國輿地勝覽)》에 기술된 인삼이 토산품으로 유명한 지역으로는 나와 있지 않다. 해방 전후까지 인삼의 생산지로 유명하다는 개성과 금산이 이 시기에는 인삼이 재배되지 않았다는 것을 뜻한다.

지금부터 약 200여 년 전 인삼의 생산지도 《신증동국여지승람》에 기록된 바와 크게 변화가 없다. 여기서도 개성과 금산은 기록에 나타나지 않는 것을 보면 우리나라 재배 인삼은 200년의 역사도 되지 않음을 알 수 있다.

한의원에서 흔히 사용되는 보약의 명칭으로 떠오르는 것이 녹용과 인삼일 것이다. 인삼의 경우에는 사용할 때 한의사인 저자가 당황할 때가 많다.

저자가 사용하는 인삼과 책으로 배운 인삼의 효능이 차이가 나고 실제 임상에 적용을 해보았을 때도 제대로 된 효능에 크게 못 미치기 때문이다. 인삼의 효능을 기술한 고서(古書)에서의 인삼은 현재의 재배 인삼이 아닌 산삼, 즉 자연이 생산한 인삼이기 때문이다.

산삼은 몸의 면역력을 높이는 작용을 통해 제반 질환을 치료하는 효과를 나타낸다. 면역력이 높아지는 효과는 우리 몸속 구석구석에 쌓여 있는 독소를 제거하는 결과를 가져오고 몸속의 독소가 제거되는 현상을 우리 몸이 강하게 느끼는 것이 바로 명현(瞑眩)반응이다. 《서경(書經)》에서 "만약 약을 먹고도 명현(瞑眩)하지 않으면 그 질병이 낫지 않는다"라고 했다.

명현반응은 처음엔 몸이 약간 저릿저릿한 느낌이 나타난다. 의식이 몽롱해지거나 붕 뜬 듯한 느낌이 날 수도 있다. 술에 취한 듯하기도 하고 토하게 되는 경우도 있고 몸에 열감이 느껴지기도 한다. 이러한 명현반응이야말로 산삼이 우리 몸의 면역력을 높여서 몸의 독소를 배출하고 있다는 신호이다.

아토피성 피부염이나 알레르기성 비염, 소아 알레르기성 질환은 해당 부위의 병이 아니다. 나타나는 증상이 그 부위에 있을 뿐 문제는 각종 유해환경 때문에 발생하는 독소로 인해 우리 몸의 면역력을 자꾸 저하시키기 때문에 발생하는 증상이다.

피부에 좋다는 연고, 코에 좋다는 약을 다 사용해 봐도 코와 피부가 낫지 않는다. 알레르기성 질환, 면역질환은 우리 몸 전체를 치료해야 반드시 완치되고 재발 가능성을 줄일 수 있다.

명현반응이 있는 동안은 아토피성 피부염 환자는 전신에 열이 나고 피부호흡을 극대화시키는 결과로 피부의 상태가 더 나빠지는 듯 보이기도 하고 비염환자는 콧물이 더 심하게 나오는 경우도 있으나 당황할 필요는 없다.

당뇨나 고혈압, 항암치료 등에도 산삼은 안정적인 효과를 발휘한다. 인삼은 몸에서 필요한 영양소를 보충해주는 효과도 있지만 몸 안의 독소를 배출해주는 효과도 있기 때문이다.

혈당치를 저하시키는 아드레날린과 인슐린의 생성에 크게 영향을 주는 성분이 있어 일반 자각증상의 개선효과와 혈당강하 작용이 뛰어나다. 특히 혈당치를 정상 수치 이하로 떨어뜨릴 위험이 없어 당뇨병의 증상 개선에 좋다.

인삼의 사포닌 성분은 혈행을 좋게 하고 조혈작용을 도우며 혈중 콜레스테롤 수치의 증가를 억제하고 고지혈증을 완화하며 동맥경화의 예방에도 효과적이다.

또 혈압에 대한 길항작용이 있으므로 고혈압은 내려주고, 저혈압은 올려주는 효과가 있다. 보다 적극적인 치료를 위해서는 한의사와 상의하여 치료에 필요한 약재와 함께 처방을 받는 것이 더 나은 치료 결과를 얻을 수 있다.

▲ 호주 세미나 참석 후 기념촬영을 한 KT&G 인삼효능연구팀장 박종대 박사.

▼ 호주 산양산삼. 외국의 여러 나라들은 대량으로 산양산삼을 재배하고 있다. 우리나라도 무역의 장벽이 무너져 밀려드는 물량공세에 대비를 해야 한다.

▲ 호주에서 기르고 있는 우리의 삼. 우리의 삼은 외국에서도 대량으로 길러지고 있다.

▼ 호주 산양산삼은 잎의 가장자리 거치(톱니)가 우리의 삼과 다른 모습이다. 그러나 뿌리는 비슷하다.

# 산양산삼을 **산삼처럼**
# 기르는 방법

산양산삼(山養山蔘)은 최종적으로 산에서 산삼과 버금가게 기른 삼을 말한다.

현재 논밭에서 재배하고 있는 인삼은 속성재배를 하기 위해 열기가 있는 거름 등을 사용하기 때문에 햇볕의 열기를 차단해주는 차광막을 어쩔 수 없이 설치해주고 있다. 이렇다보니 인삼은 일조량에 의한 광합성 작용이 부족하여 여러 가지 유기물질 함유량이 적은 편이다.

반면 산삼은 여러 삼씨들이 매개체들에 의해 산으로 옮겨진 뒤 일조량이나 습도 등이 잘 맞아 생존되었기 때문에 일조량에 의한 광합성 작용이 잘 이루어져 여러 가지 유기물질 함유량이 많아 맛과 향도 독특하다.

그러나 산삼은 수량의 한계가 있고 객관성이 없는 주장들로 인하여 값이 너무 비싸 일반인들이 선호하기에는 부담스럽다. 때문에 산삼이나 산양산삼이 잘 자랄 수 있는 우리나라의 환경을 잘 활용하여 산양산삼을 산삼과 같게 많은 양을 기르면 앞으로 무역의 장벽이 허물어진 뒤 대량으로 밀려오는 외국의 야생산삼과도 충분한 경쟁력이 있을 것으로 보인다.

그리고 지금까지는 객관성 없이 우리의 토종이 최고라는 주장만 되풀이했으나 많은 산양산삼을 산삼처럼 길러 효능이 좋으면서도 가격이 저렴해지면 과학적으로 실험을 하여 섭취방법은 물론 면역력에 쓰일 신약도 개발 가능하다.

그렇게 하기 위해서는 밀식재배나 속성재배를 절대로 하지 말고 앞을 멀리 보고 유기물질 함유량이 많은 최고의 산양산삼을 다음과 같은 환경에서 기르면 된다.

우선 경사가 완만한 산의 동쪽 방향에 혼효림의 숲을 이룬 곳이면 아주 좋다. 산의 동쪽 방향은 한여름에도 강한 햇볕이 들지 않고 아침에 연한 햇살이 들어오는 곳이다.

삼 종류는 강한 햇볕을 조금만 받아도 타서 죽게 되는 경우가 많다. 특히 어린 삼들은 잎이 얇고 연하여 강하지 않은 햇살마저 오래 받으면 죽는 경우가 많아 일조량에는 아주 민감한 편이다.

그래서 숲의 나무들도 침엽수인 소나무나 잣나무 등이 너무 많아도 일조량이 부족하여 산삼이 오래 자라기에 좋은 환경이 아니며, 활엽수인 참나무나 오리나무 등만 있어도 산삼이 자라기에 곤란하다.

활엽수종은 가을에 낙엽이 떨어진 후 가지 사이로 비추는 햇살이 숲속의 지표면을 건조하게 할 수도 있고 봄에는 잎이 삼잎들보다 늦게 달려 봄의 햇살을 막아주지 못하여 활엽수만 있는 곳에는 산삼이 자라지 못하는 것이다(단, 삼잎들보다 일찍 잎이 달리는 활엽수종이 없는 경우).

　이런 곳에 소나무 등이 섞여 자라고 있으면 산삼은 그 소나무 밑에 주로 있다. 왜냐하면 봄의 햇살이나 강한 일조량을 막아주고 있었기 때문이다.

　이러한 원인들은 자연의 이치이다. 따라서 앞으로는 산양산삼을 억지로 기르려고 하는 생각보다 혼효림 등을 활용하여 순리대로 재배하면 산삼과 효능이 같을 수밖에 없다.

▲ 인삼은 차광막 설치를 하여 기른다.

▼ 밭에서 기르는 장뇌삼 묘삼포는 전체 높이 약 180cm, 둑의 높이 약 50cm, 인삼 묘삼장은 높이 약 110~120cm가 적당하다.

▲ 장뇌삼 묘삼포.

# 직접 **파종**하여 기른 산양산삼

　산의 지표면에 가는 막대기 등을 이용하여 2~3cm의 구멍을 만들고 개갑[1] 처리된 산양산삼의 씨앗을 한 알씩만 넣고 다시 흙으로 덮어주면 된다. 파종의 간격은 사방으로 약 70~100cm를 띄워주는 것이 아주 좋다.

　만약 한정된 면적에 많은 양을 생산하기 위해 밀식재배를 하게 되면 세균들이 모여들어 방제를 하여야 하는 경우도 많고, 산양산삼들의 지상부가 발달하면서 서로 부딪혀 성장에 지장을 받을 수 있기 때문에 거리는 되도록 여유 있게 유지하여 파종하는 것이 좋다.

　이렇게 파종하면 발아되는 성공률은 80% 이상이 된다. 그리고 이렇게 기른 산양산삼은 산삼과 다른 점이 별로 없다. 맛과 향도 비슷하고 성장 속도도 비슷하다.

　물론 그동안 묘삼을 길러 몸체가 큰 산양산삼을 본 분들은 너무 작다고 할 수 있으나 그 맛과 향을 음미해보면 깜짝 놀라지 않을 수가 없다.

　지금까지는 이렇게 직접 파종하여 기른 산양산삼이 시중에 많이 나오지 않아 맛을 본 분들이 거의 없어 모르는 경우가 많다. 하지만 이런 삼을 먹은 분들은 다른 삼은 물론 산삼을 꼭 먹어야 할 필요성을 느끼지 않을 정도이다.

　그동안 직접 파종하여 기른 삼이 시중에 많이 유통되지 않은 것은 재배하는 분들이 성장 속도가 워낙 느려 이렇게 기르는 것을 기피하는 경우가 많았기 때문이다.

　그러나 이렇게 기르지 않으면 세계시장 경쟁에서도 살아남기 어렵고 산삼 대용으로 쓸 수가 없기 때문에 앞을 멀리 보는 분들은 직접 파종하여 기르는 경우가 많아지고 있다. 그리고 이런 산양산삼을 잘 아는 분들은 직접 파종하여 기른 산양산삼만 선호할 수밖에 없기 때문에 앞으로는 이런 방법으로 재배하는 것이 좋을 것이다.

　지금 공주영상대학이나 대전 목원대학교에서는 나무 한 그루 풀 한 포기도 건드리지 않고 원시림 그대로를 활용하여 직접 파종한 산양산삼을 기르고 있는데, 이는 여러 가지 실험을 하여 성분 추출을 계획하고 있기 때문이다.

---

1) 개갑(開匣)이란 열 개(開)자와 작은 상자라는 뜻의 갑(匣)자로, 즉 상자를 열다의 뜻으로 빨간 장육(漿肉) 속에 있는 인삼의 씨를 그냥 파종하면 그 씨가 너무 딱딱하여 발아되는 시기가 너무 늦기 때문에 약 100일 동안 딱딱한 삼씨의 입을 열게 하는 것을 개갑처리라고 한다. 이렇게 개갑처리된 삼씨를 가을 11월 초순경에 파종하면 그 이듬해 봄이 되어 씨눈에서 새싹이 올라와 삼으로 성장하게 되는 것이다.

◀ 산삼이 꽃을 피웠다.

▼ 산삼꽃.

▲ 붉게 물들기 시작한 삼씨.
▼ 홍숙된 산양산삼 씨앗.

▲ 개갑처리 과정.

▼ 개갑처리된 삼씨.

▲ 김용섭 저재(왼쪽)가 직접 파종
  하는 모습.

◀ 김창식 저자가 직접 한 알씩 파
  종하는 모습(공주영상대학 산양산
  삼 농장).

▲ 공주영상대학 부학장이 직접 파종하는 모습.

▼ 산삼과 비슷한 산양산삼. 산삼과 구분하기
　가 어려워 세심한 관찰이 필요하다.

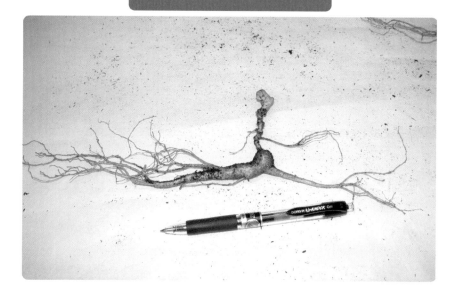

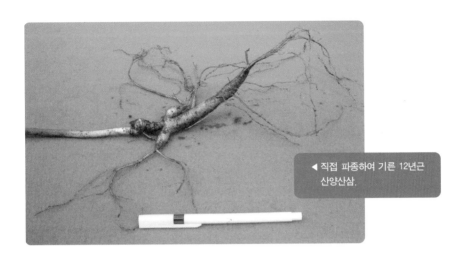

◀ 직접 파종하여 기른 12년근
산양산삼.

▼ 직접 파종하여 기른 12년근 산양산삼. 몸체가 작은 편
이나 맛과 향은 아주 좋다.

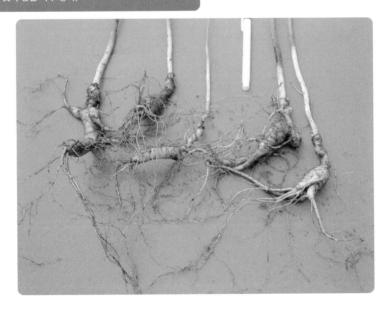

# **이식한** 산양산삼

    삼 종류들은 땅속의 자양분 흡수 능력이 아주 뛰어나 일조량이 잘 맞고 영양소가 풍부한 새로운 토질로 옮겨 심어주면 성장 속도가 매우 빠르다.

    보통 산이나 밭에 묘포를 만들고 토질을 부드럽게 한 후 산양산삼의 씨를 적당하게 파종을 하여 1~3년 정도 기르면 묘삼들의 뿌리 형태가 아주 다양하게 잘 길러진다.

    이렇게 잘 길러진 묘삼들은 필요한 목적대로 산으로 옮겨 심게 된다. 간혹 뇌두의 마디 수가 많은 것을 좋아하는 분들을 위해서는 경사면으로 옮겨 심는다.

    그리고 적응기간이 어느 정도 지나면 가을에 삼대를 잘라주고 그 위에 약 5cm의 부엽토를 덮어준다. 그러면 그 다음해 봄 새싹들이 그 흙을 헤집고 나오느라 뇌두가 한 마디 증가하는 경우가 많다. 이러한 방법으로 뇌두를 증가시키기도 한다.

또 다른 방법은 언제부터인지는 모르지만 잔뿌리가 많고 긴 것을 좋아하는 이들이 있다. 이런 사람들을 위해서는 옮겨심기 전에 토질을 먼저 부드럽게 한다. 그렇게 한 후 부드러운 토질로 묘삼들을 옮겨 심어주면 뿌리들이 길게 잘 발달되기도 한다.

또한 더러는 산삼처럼 곡삼의 형태를 원하는 이도 있기 때문에 옮겨 심는 과정에서 뉘어 심어 산삼처럼 비슷하게 기르는 경우도 아주 많이 있다. 그러나 중요한 것은 이러한 유형들이 아니라 광합성이라는 것을 꼭 생각하여야 한다.

따라서 앞으로는 산삼이나 산양산삼 모두 광합성만 잘 이루어지면 면역력 조절기능 이상으로 몸이 불편한 이들에게 부작용 없이 쓰일 곳이 너무 많다는 것을 염두에 두어야 할 때가 되었다고 생각한다.

◀ 밀식재배를 하지 않는 산양산삼. 삼 과 삼의 거리는 최소한 70~100cm 사이를 띄우고 파종하는 것이 좋다.

▶ 드문드문 심어진 산양산삼. 삼과 삼을 너무 가까이 파종하면 세균들이 모여들 확률도 높고 영양소 섭취에도 많은 문제가 있다.

▲ 산양산삼(장뇌삼)을 뉘어 심어 산삼
과 비슷하게 기르는 삼. 간혹 산삼으
로 둔갑하는 경우가 많다.

▶ 뉘어 심은 산양산삼. 언뜻 보면 산삼
과 비슷하여 세심한 관찰이 필요하
다. 산양산삼은 산양산삼으로 정직
하게 판매되어야 한다.

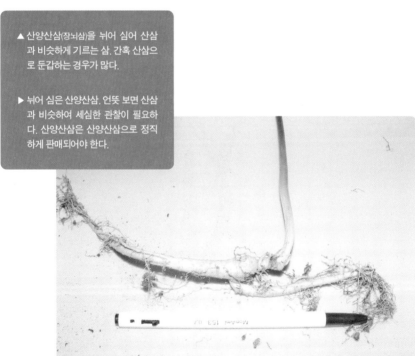

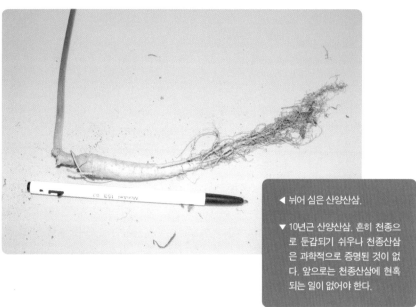

◀ 뉘어 심은 산양산삼.

▼ 10년근 산양산삼. 흔히 천종으로 둔갑되기 쉬우나 천종산삼은 과학적으로 증명된 것이 없다. 앞으로는 천종산삼에 현혹되는 일이 없어야 한다.

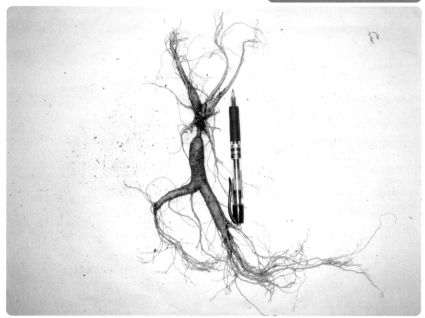

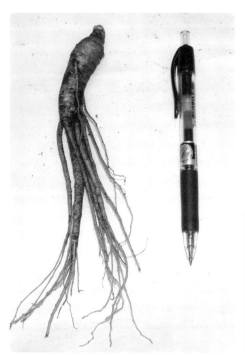

▶ 7년근 산양산삼. 얕게 묻힌 산양산삼도 뇌두는 길지 않다. 만약 깊게 묻혀 있으면 뇌두는 길 수밖에 없다. 뇌두의 수로 산삼의 진위 여부 판단은 잘못된 것이다.

▼ 20년근 산양산삼. 천종산삼으로 둔갑되기 쉬운 삼이다.

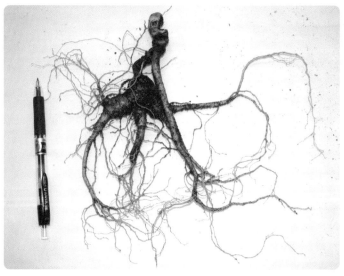

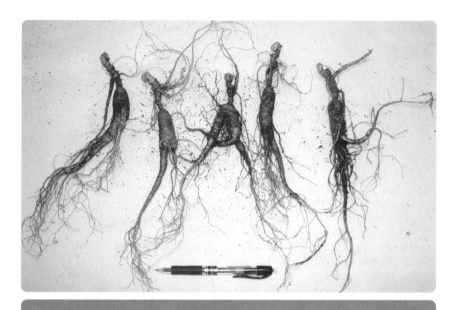

▲ 7년근 산양산삼.

▼ 12년근 산양산삼. 이식된 삼의 뿌리 형태는 직파한 삼의 뿌리와는 다르게 밑으로 발달되어 있다.

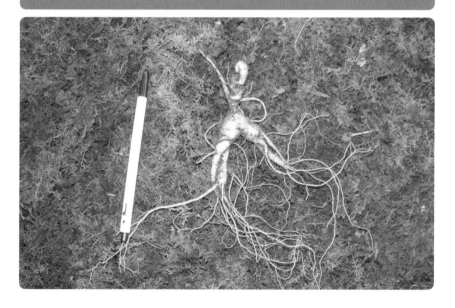

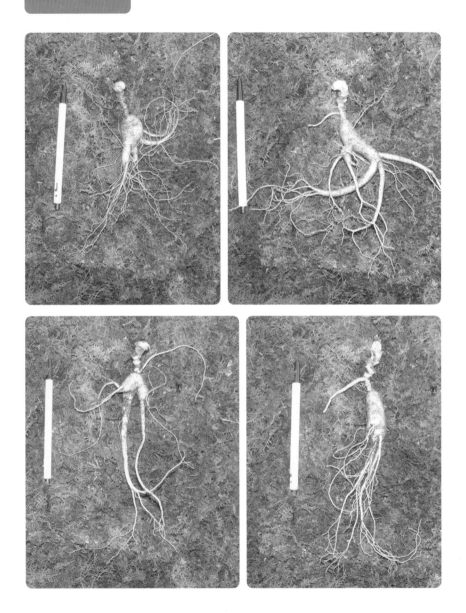

12년근 산양산삼.

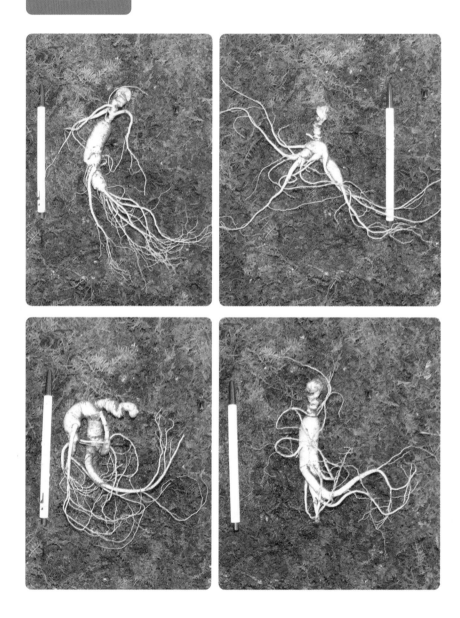

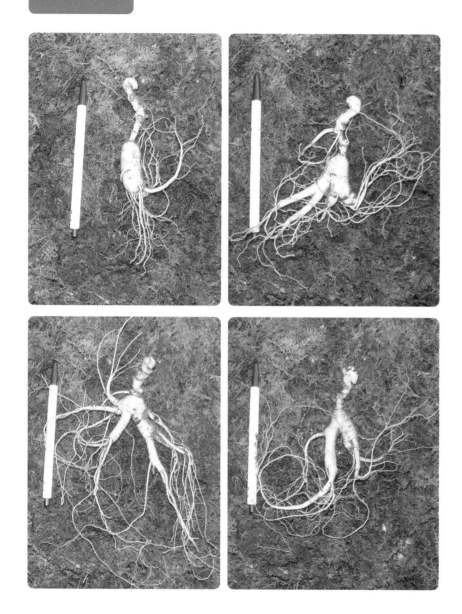

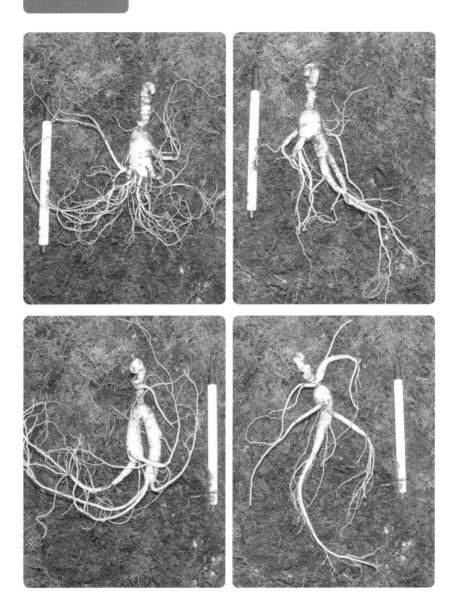

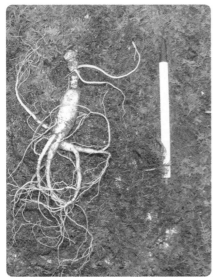
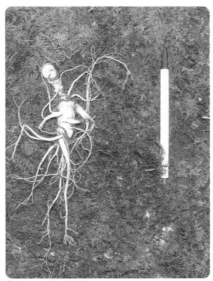
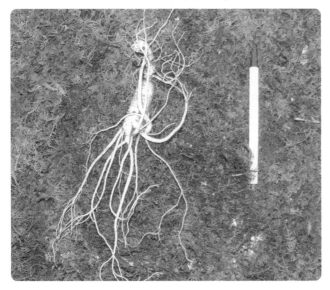

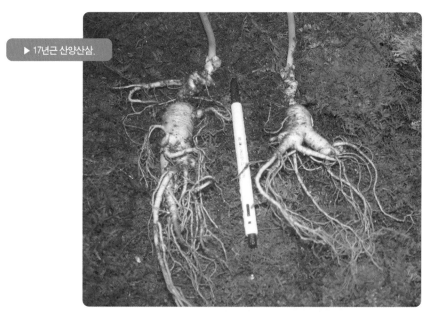

▶ 17년근 산양산삼.

◀ 17년근 산양산삼 3뿌리.
중학생용으로 좋다.

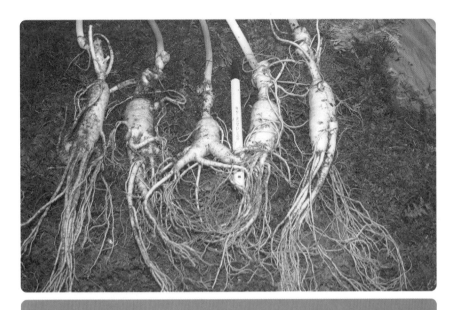

▲ 17년근 산양산삼 5뿌리. 고등학생용으로 좋다.

▼ 17년근 산양산삼 7뿌리. 여성용으로 좋다.

▲ 17년근 산양산삼 10뿌리. 성인용으로 좋다.

▼ 산삼과 비슷한 17년근 산양산삼. 뇌두가
길다고 산삼으로 착각하면 안 된다.

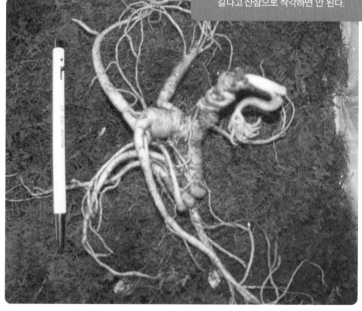

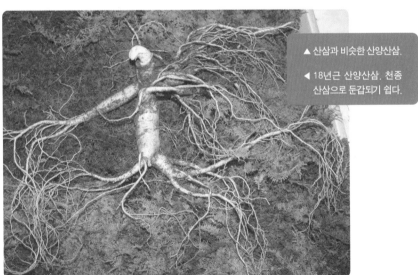

▲ 산삼과 비슷한 산양산삼.

◀ 18년근 산양산삼. 천종 산삼으로 둔갑되기 쉽다.

143

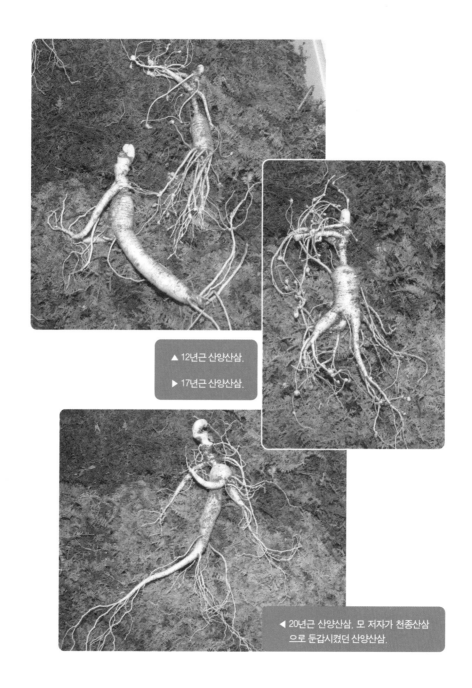

▲ 12년근 산양산삼.

▶ 17년근 산양산삼.

◀ 20년근 산양산삼. 모 저자가 천종산삼으로 둔갑시켰던 산양산삼.

# 정유성분이란

　정유성분(精油成分)은 녹색식물이 빛의 에너지를 이용하여 이산화탄소
와 수분으로 전분, 당 등의 유기화합물을 합성하는 과정에서 형성되는
향기 성분이다.

　크게 분류하면 휘발성과 비휘발성 성분으로 나눈다. 보통 심마니들이
산에서 산삼을 캘 때 삼의 향기가 나는 것을 알 수 있는데 이 향기도 정
유성분 중의 하나이다.

　또한 산삼과 인삼의 맛과 향이 다른 것도 정유성분 함유량의 차이가
있기 때문이다. 산삼은 은은한 광합성이 오래 이루어지지만, 인삼은 차
광막 설치로 인하여 일조량에 의한 광합성이 부족한 편이다.

　지금까지는 인삼을 위주로 연구가 이루어지다보니 광합성에 의해 형
성되는 정유성분에 대해서는 소홀히 취급된 것 또한 사실이다.

앞으로는 산삼의 여러 좋은 성분들과 함께 정유성분에 대한 연구가 더 이루어진다면 염증치료는 물론 통증완화와 함께 피부를 아름답게 하기 위한 여성들을 위해서 요긴하게 쓰일 것으로 보인다.

▲ 6지(6구) 양방향 곡삼. 지상부의 하중을 많이 받는 대형 산삼일수록 양방향으로 지근을 발달시킨다.

산삼과 산양산삼은
**누구나 필요**하고
좋은 것이다

 산삼이나 산양산삼을 먹고 실망하는 경우가 의외로 많은 것으로 보인다. 그것은 주로 비싼 산삼은 한 뿌리만 먹어도 기사회생하는 것으로 잘못 알고 있는 이들이 수억원짜리를 한 뿌리만 먹고는 효능이 없다고 실망하기 때문이다.

 또 좋은 산삼을 충분하게 구입하고도 판매한 이들이 하루에 한 뿌리씩을 생으로 먹게 하여 심한 명현현상에 놀라 다 먹지도 못하고 산삼이 몸에 맞지 않는다고 실망한 이들도 있다.

 이러한 일들이 아직까지 있게 된 것은 그동안 산삼에 대한 연구가 과학적으로 이루어지지 못해 있을 수밖에 없는 것이라 생각된다. 산삼은 만병통치약이 아니다. 산삼은 우리의 면역력 조절기능에 쓰여져야 한다.

 면역력 조절기능이 저하되면 심한 경우 상상하지 못했던 질병이 발생

된다. 물론 처음에는 대수롭지 않게 생각하다가 나중에는 그 심각성을 느끼게 되기도 한다. 그런데 이러한 생각은 하지 않고 산삼 한 뿌리로 모든 것을 해결하려고 하였다면 다시 한번 재고하여야 한다.

또한 산삼이나 산양산삼은 3지(3구) 때부터 섬유질 성분이 함유되기 시작하기 때문에 꼭 달여서 음용하여야 하며 하루에 많은 양을 섭취하면 몸에 흡수되는 것이 한계가 있다.

예를 들면 아이들은 하루에 0.5~1g 정도를 먹이고 여성들은 하루에 4g 이상을 먹지 않으며 일반 성인들도 5~7g 이상을 섭취하면 안 된다.

특히 면역력에 문제가 있는 분들은 조금만 과다섭취를 하여도 심한 명현현상이 나타나 놀라는 경우가 많은데, 이런 경우는 양을 줄여주면 약 24시간 이내, 아니면 48시간 이내에 그 현상이 없어지므로 크게 걱정할 필요는 없다. 명현현상은 다음과 같이 나타날 수 있다.

● 몸에 열이 나고 열꽃이 나타나는 경우도 있다.

● 술에 취한 것처럼 느껴지고 공중에 떠 있는 것처럼 자각되기도 한다.

● 가슴이 답답하고 어지럽거나 심하게 설사를 하는 경우도 있다.

● 마치 감기에 걸렸을 때처럼 몸살기가 오기도 한다.

● 코피를 쏟는 경우도 있다.

● 잠을 계속 자거나 잠이 오지 않는 경우도 있는데, 이런 현상이 심하면 먹던 것을 하루쯤 중단하거나 일일섭취량을 줄이면 되므로 크게 걱정할 필요는 없다. 산삼은 되도록 조금씩 여러 날 섭취하는 것이 가장 효과적이다.

● 오랫동안 몸이 냉하였던 분들은 가려움증이 수반되기도 한다.

● 산양산삼을 술과 함께 갈아서 과다음용하면 변비가 생길 수도 있다.

# 휴면삼 생성과정

　휴면삼(休眠蔘)은 삼의 생존본능 중의 하나로, 주위 환경이 자생하기 어려운 여건이 되면 싹을 틔우지 않고 땅속에서 뿌리 형태로만 생존하고 있는 줄기가 없는 삼을 말한다.

　현재까지 휴면삼이 되는 과정은 여러 가지로 추측되지만 그 중에 한 가지를 소개할까 한다.

　이른 봄 다른 풀들이 나오기 전에 삼의 싹이 제일 먼저 올라오는데 이때 조류 또는 쥐, 다람쥐, 청설모 등이 먹을 것을 찾다가 삼 싹을 먹거나 잘라놓는 경우도 생각해 볼 수 있다.

　다음의 왼쪽 사진과 같이 봄에 잘려진 싹은 그해에는 다시 나지 않았다. 하지만 오른쪽 사진과 같이 다음해에 나올 준비를 하고 있는 것으로 보인다(두 사진은 동일한 장소의 같은 삼이다).

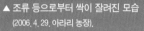

▲ 조류 등으로부터 싹이 잘려진 모습
(2006. 4. 29. 아라리 농장).

▲ 초겨울 동면하기 전 내년 봄을 기다
리는 모습(2006. 11. 24. 아라리 농장).

　이 삼은 액운이 겹쳐 여름에 장마로 인해 떠내려 온 것을 다시 묻어주
었는데, 죽지 않고 살아서 휴면상태인 것을 알 수 있으며 놀라운 생명력
에 감탄하지 않을 수 없다.

▲ 낙엽이 깊게 덮여 있어서 계절을 잊은 모양이다. 동면에 들어가야 되는데 추운 겨울
동안 어떻게 될지 궁금하다. 겨울 동안 상처를 입는다면 휴면삼이 될 가능성이 높아
보인다(2006. 11. 25. 아라리 농장).

# 토질과 환경 여건에 따라
## 달라지는 삼의 모습

　모든 만물이 그러하지만 삼 또한 주변 여건(토질, 광합성, 기타)으로 인해 발아시기에 모양이 가장 많이 결정된다.

　그러므로 자연삼, 인삼, 산양삼, 밭에서 묘목으로 키워서 옮겨 심은 장뇌삼, 중국삼 등으로 형태학적으로 구분된다 할 수 있겠다.

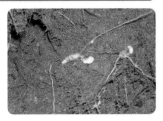

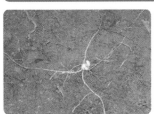

◀◀ 바위에 뿌리를 지탱하는 모습.

◀ 모래 성분이 많고 토질이 부드러운 곳.

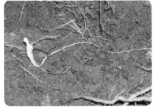

▲ 부엽토와 낙엽이 많이 덮인 곳에서 성장하여 상체가 잘 발달되어 있다.

▲ 부엽토가 많아 미(긴뿌리)가 잘 발달되어 있으며 장마 때도 습하지 않고 여름에도 가뭄을 타지 않는 좋은 환경으로 보인다.

▲ 파란 새싹을 틔우며 힘차게 올라오는 삼의 모습(2006. 4. 30. 아라리 농장).

▼ 산양산삼의 모습(2006. 4. 24. 아라리 농장).

▲ 산양산삼의 모습(2006. 4. 29. 아라리 농장).

▶ 싱싱하게 자라고 있는 산양산삼의 모습(2006. 5. 11. 아라리 농장).

▲ 산양산삼을 파종하는 모습(아라리 농장).

▼ 평생 심마니로 살아온 노인과 산양산삼 재배 농부가 성장과정을 관찰중에 있다(왼쪽 아라리 농장 대표).

▲ 다른 풀들과 잘 어우러진 산양산삼.

# 산양산삼의 **성장 속도**

산양산삼의 성장 속도는 토질도 중요하지만 일조량과 더 밀접한 관계
가 있는 것으로 관찰된다.

보통 활엽수종이 많은 곳에 파종을 하면 첫해 3엽을 달고 태어나는 경
우가 많은데, 4년 전 공주영상대학 뒷산 15만 평 중 6만 평의 혼효림에
직접 파종을 해본 결과, 첫해에 발아된 잎의 수는 1엽과 2엽을 달고 태어
난 경우가 많았다.

그리고 그 이듬해에도 1엽을 추가로 더 달고 싹이 트는 것으로 보아 일
조량이 많은 곳보다 혼효림의 환경에서는 성장이 조금 늦은 것을 관찰할
수가 있었다.

이런 관계로 흔히 산양산삼을 혼효림에서 재배하지 않고 성장 속도
가 빠른 낙엽송이나 활엽수종이 많은 곳에서 재배를 하는 경우가 아주

많다.

　그러나 성장 속도는 인내심으로 극복하고 질이 좋은 산양산삼을 생산하기 위해서는 혼효림의 환경에서 기르는 것이 꼭 필요할 것으로 사료된다.

# 광합성이
# **좋은 산삼**을 만든다

## 광합성

좋은 산삼은 광합성에 달려 있다. 광합성은 녹색식물의 빛의 에너지를 이용하여 이산화탄소와 수분으로 전분, 당 등의 유기화합물을 합성하는 일이다.

## 엽록소

엽록소는 빛 에너지를 유기화합물 합성을 통해 화학 에너지로 전환시키는 색소 중 하나로, 광합성에 필요한 가장 중요한 색소이다.

엽록소는 그 빛깔이 녹색이기 때문에 엽록체가 녹색으로 보이고, 따라서 식물의 잎도 녹색으로 보인다. 엽록소는 모두 물에 녹지 않고 유기용액에 녹는 것이 또한 특징이다. 자외선을 받으면 암적색의 형광을 방출한다.

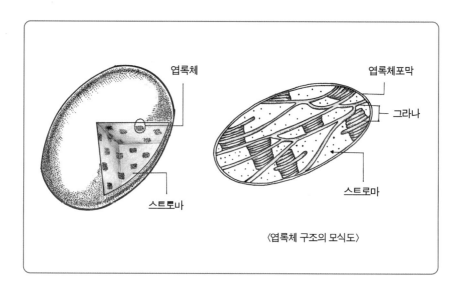

## 엽록체

엽록체는 녹색식물의 세포 안에 들어 있는 구조물이다. 식물의 모든 광합성 과정이 엽록체 안에서 일어난다. 전자현미경으로 보면 세포 속의 엽록체는 원형이나 타원형 구조이다.

## 중앙생활사
## 중앙경제평론사

**Joongang Life Publishing Co./Joongang Economy Publishing Co.**

중앙생활사는 건강한 생활, 행복한 삶을 일군다는 신념 아래 설립된 건강 · 실용서 전문 출판사로서
치열한 생존경쟁에 심신이 지친 현대인에게 건강과 생활의 지혜를 주는 책을 발간하고 있습니다.

### 몸에 좋은 산삼 산양산삼 도감

초판 1쇄 발행 | 2007년 6월 7일
초판 2쇄 발행 | 2012년 7월 17일

지은이 | 우리산삼효능연구소(WOORIGINSENG EFFECT LABORATORY)
펴낸이 | 최점옥(Jeomog Choi)
펴낸곳 | 중앙생활사(Joongang Life Publishing Co.)

대　표 | 김용주
편　집 | 한옥수
기　획 | 정두철
디자인 | 이여비
인터넷 | 김회승

출　력 | 국제피알　종이 | 한솔PNS　인쇄 | 태성문화사　제본 | 은정제책사

잘못된 책은 바꾸어 드립니다.
가격은 표지 뒷면에 있습니다.

ISBN 978-89-89634-09-6(03480)

등록 | 1999년 1월 16일 제2-2730호
주소 | ㉾ 100-826 서울시 중구 다산로20길 5(신당4동 340-128) 중앙빌딩 4층
전화 | (02)2253-4463(代) 팩스 | (02)2253-7988
홈페이지 | www.japub.co.kr 이메일 | japub@naver.com | japub21@empas.com
♣ 중앙생활사는 중앙경제평론사 · 중앙에듀북스와 자매회사입니다.

▶ 홈페이지에서 구입하시면 많은 혜택이 있습니다.

※ 이 도서의 국립중앙도서관 출판시도서목록(CIP)은 e-CIP 홈페이지(www.nl.go.kr/cip.php)에서
이용하실 수 있습니다.(CIP제어번호: CIP2007001445)

### 지은이 **우리산삼효능연구소**

## 김창식
- 목원대학교 평생교육원 산삼전문가 양성과정 담당교수
- 공주영상대학 산삼연구소 소장(학교 실험농장 약 6만 평)
- '산삼을 연구하는 사람들' 자문위원장(심마니 경력 17년)
- 우리산삼효능연구소 소장
- 《나도 산삼을 캘 수 있다》 1, 2 저자
- 논문 3편
- H · P 010-5403-0520 | (042)223-3945

## 김용섭
- 목원대학교 평생교육원 산삼전문가 양성과정 1기 감사
- '산삼을 연구하는 사람들' 대표
- 전 속리산삼 대표
- 《몸에 좋은 산삼 산양산삼 도감》 출판 준비위원장
- H · P 011-459-2234 | (031)701-3412

## 김환영
- 목원대학교 평생교육원 산삼전문가 양성과정 1기
- '산삼을 연구하는 사람들' 중앙회 관리이사
- 영농법인 노인 자활촌 산삼방 자문위원
- 친환경 액티바 대표이사
- H · P 010-9290-4554 | (031)701-3412

## 김승년
- 목원대학교 평생교육원 산삼전문가 양성과정 1기 회장
- 청주지역에서 산삼 연구(심마니 경력 15년)
- H · P 011-466-0917 | (043)258-0527

## 천진철
- 목원대학교 평생교육원 산삼전문가 양성과정 1기
- '산삼을 연구하는 사람들' 회장
- 임업후계자, 강원도 영월군 아라리 산양산삼 농장 대표
- 세계국선도연맹 생활강사
- H · P 011-237-1837 | (033)375-1833

## 신계철
- 목원대학교 평생교육원 산삼전문가 양성과정 1기
- '산삼을 연구하는 사람들' 총무
- 울산 효정 산양산삼 농장 대표
- H · P 011-847-8100 | (052)258-4400

## 이철규
- 목원대학교 평생교육원 산삼전문가 양성과정 1기
- '산삼을 연구하는 사람들' 부회장
- 한국생약 산림조합법인 조합장(대전)
- 임업후계자, 옥천군 산양산삼 농장 대표
- H · P 016-750-3379 | (042)824-3379

## 안병례
- 영농법인 노인 자활촌 산삼방 감사
- 경기도 일원 광교산 청계산 산양산삼 재배
- H · P 011-272-6237 | (031)708-1214

## 유중덕
- 목원대학교 평생교육원 산삼전문가 양성과정 1기
- 충북 보은군 내속면 삼가리에서 심마니 활동
- 형태연구위원 전문 심마니
- H · P 016-377-4627

## 윤상혁
- 목원대학교 평생교육원 산삼전문가 양성과정 조교
- 형태연구위원 전문 심마니
- 먼마루 산양산삼 농장 대표
- 경락요법, 인체자연치유, REIKI 마스터
- H · P 010-3002-3412

## 신충수
- 신충수외과의원 원장, 의학박사
- 청양 산양산삼연구소 농장 대표
- H · P 016-475-6201 | (041)943-6201

## 이무일
- 인천 고운몸한의원 원장, 한의학박사
- (032)891-0288

## 신순식
- 부산 동의대학교 한의대 방제학교실 주임교수

## 김경철
- 부산 동의대학교 한의대 진단학교실 주임교수

### ⊔ⅠM 우리산삼효능연구소
WOORYSANSENG EFFECT LABORATORY

홈페이지 : www.wim.re.kr
문의전화 : 010-5403-0520 | (042)223-3945
산양산삼 재배 및 구매상담 : 산삼전문가 양성과정 김창식 담당
교수 직접상담
주소 : 대전광역시 중구 중촌동 283 주공A 301-1306